艺术体育

高校学术研究论著丛刊

生态理念下的景观规划设计与表现

杨 莹 著

中国书籍出版社
China Book Press

图书在版编目(CIP)数据

生态理念下的景观规划设计与表现 / 杨莹著. -- 北京：中国书籍出版社，2022.11

ISBN 978-7-5068-9160-8

Ⅰ.①生… Ⅱ.①杨… Ⅲ.①景观规划－景观设计 Ⅳ.①TU983

中国版本图书馆 CIP 数据核字(2022)第 159101 号

生态理念下的景观规划设计与表现

杨 莹 著

丛书策划	谭 鹏 武 斌
责任编辑	成晓春
责任印制	孙马飞 马 芝
封面设计	东方美迪
出版发行	中国书籍出版社
地　　址	北京市丰台区三路居路 97 号(邮编：100073)
电　　话	(010)52257143(总编室)　　(010)52257140(发行部)
电子邮箱	eo@chinabp.com.cn
经　　销	全国新华书店
印　　厂	三河市德贤弘印务有限公司
开　　本	710 毫米×1000 毫米　1/16
字　　数	194 千字
印　　张	12.25
版　　次	2023 年 3 月第 1 版
印　　次	2023 年 5 月第 2 次印刷
书　　号	ISBN 978-7-5068-9160-8
定　　价	80.00 元

目　录

第一章　景观规划设计概述

景观设计是一门建立在自然和人文紧密结合的学科,科学性与综合性强是其特性。它经历了近千年的发展和变迁,逐渐在实践中摸索出了科学的理论体系。

景观规划设计是人类对自然和自身认识的进步,它在美化环境、平衡生态、调节气候、提供文化休憩场所以及提升空间的品位等方面都起着重要作用。

第一节　景观与景观规划

一、景观

景观具有审美价值,能够影响和调节人们的精神状态,协调人类与自然之间的生态平衡。

(一)景观的含义

"景观"(landscape)一词最早出现在希伯来文的《圣经》中,用于对圣城耶路撒冷(图 1-1)包括所罗门寺庙、城堡和宫殿在内的整体美景的描述。

图 1-1　耶路撒冷旧城景观

景观在不同学科领域里的理解和含义是不一样的,"景观"的解释一般是将"自然风景"的含义放在其首位。除此之外,语言学界定义景观是能用一个画面来展示,能在某一视点上全览的景象;地理学角度的景观则指的是一种地表景象或综合自然地理区,它在地理学中是一个专有的科学名词;艺术领域里的景观就是我们常说的风景;建筑界的景观是以辅助的形式出现的,通常起到配景或背景的作用,以衬托建筑主体;生态学中则把景观定义为生态系统等。

在规划设计领域,景观研究可包括由具象到抽象、由客观到主观的客观系统(含植被、水体、构筑物等)、视觉表象(含有形的规划景观)、空间效用和文化载体这四个层次,并最终通过景观的审美特征和空间组织特征反映出文化特征。

(二)景观要素与景观结构成分

1. 景观要素

景观要素(landscape element)是指组成景观的基本单位,它的成分是相对均质的土地生态要素或单元。如景观中的马尾松林、栓皮栎林、樟树林等每一片森林、每一条河流、每一块农田等。景观要素可按照其生态学性质或在景观中的地位与性状分为不同类型,我们把构成景观的不同生态系统类型称为景观组分(landscape composition)或景观要素类型。景观中的植物、动物、生物量、环境因子(土壤养分、温度、水分等)也是构成景观的基础成分,只不过这类景观要素类型或景观组分不是景观的空间单元。但正因为这些要素类型及其组合的差异,才形成了景观中不同性质与类型的景观单元。

　　景观和景观要素(或单元)两者既有本质区别又是联系紧密的。就空间而言,景观要求在实体上具有整体性和异质性,也就是说景观是宏观性和个性的相结合;而景观要素则刚好相反,它更强调的是组成景观空间单元的从属性和匀质性。我们可将包括村庄(图 1-2)、农田、牧场、森林、道路的异质性区域称为景观,而将其中每一个空间单元称为景观要素。但在一片几乎完全为森林所覆盖的土地中,则可以将这整片森林视为景观,而将其中的马尾松林、柏木林、杉木林、池杉林、栓皮栎林、樟树林、橄木灌木林、牡荆灌木林、楠竹林等视为景观要素;也可将一大片农田视为一个景观,而按作物种类(如小麦、油菜、玉米、水稻)或土地利用形式(如水田和旱地)等划分景观要素。

图 1-2　江西婺源的长溪村

2. 景观结构成分

组成景观的生态系统都是具有一定形态特征和分布特征的空间实

体,它们影响着景观的构成,与其他景观要素的相互作用。景观设计专家福尔曼(Forman)将不同空间形态特征和分布特征的景观要素分为斑块(或镶嵌体、缀块、嵌块体)、廊道(或走廊)和基质(或背景、本底、模地、矩质),并称其为景观结构成分(landscape structure component)。

"基质"是整个领域范围内联系最广、最紧密的生态元素(一个生态系统或是以生态系统形式组成的一个填补物),这并不意味着"基质"是一个同类的实体,它可以是草地、城市组织、农田、森林。

"斑块"是指一块块镶嵌在基质上并与基质景观特点不同的岛状土地。斑块可以是自然形成的,也可以是人为造成的。如气候和水流影响下的湿地就是自然形成的斑块;火灾烧毁森林后形成的裸露土地就是人为造成的斑块。

"廊道"是土地上的线形元素。它们可以像河流或者地质带那样自然,也可以像马路或植物篱一样人工化。它们在生态上起重要的连接或分割的作用。如果它们的成分或它们的物质特性与基质具有根本性的不同,那么就会在一个共同的环境因素下进行纵向的交换和横向的限制。

(三)景观的功能

景观的功能(function)是指有特定结构的景观系统通过物种流、物质流、信息流和能量流在与内外层相互联系中表现出来的作用。其主要表现是生产功能与保护功能。生产功能,常能带来有形的物质利益;而保护功能则在于确保前者功能的顺利实现,是无形的。二者的作用是相互影响的。举个例子,假设一块黑土地失去保护、无人管理,常年干旱或遭受洪水,该黑土层就会随之被侵蚀、破坏,那么生产功能就会下降,继而影响经济收入。

1. 供给功能

景观的供给是需要能量来源的,通过获取周围环境中的能量流、物质流、物种流和信息流,提供给系统运转的动力,使其维持在一个相对稳定且处于最低需求的状态。当景观系统需要生产或建造时,可能会出现因运转动力不足而被迫减少能耗或能耗快要用完的情况,此时就迫切需要供给功能加强供给,平衡供需,并使系统恢复到所需的最低水平,这也叫复原功能。

2. 处置功能

景观的处置功能,是将供给功能输入的物质、能量等加以处理、转移或排除。它与供给功能一起,共同保持系统稳定的最低需要,一个靠排出,一个靠供给。

3. 抵制功能

景观的抵制功能,是防止物质、能量等从周围环境进入系统内部。它能起到选择和调节的作用。如果系统遇到了污染物和有毒物质源源不断进入的情况,该功能就会控制或调节周围环境,使保护力维持在一定水平。

4. 保存功能

保存功能是指将那些从外部摄取的能量流、物质流、物种流和信息流储蓄起来。有储存就有流失,流失就是指上述的动力来源没有停留在系统内部,转瞬即逝。保存功能与流失是对立的,确保系统能健全运行。

(四)景观的基本特征

目前,人们更多接受的是生态学上的景观概念。准确地理解景观的概念,必须把握景观的以下四个特征。

1. 景观是由异质性的土地单元组成的镶嵌体

异质性是景观的基本属性。如农业景观是由不同作物种类的农田、河流、村庄、道路、森林、牧场、果园等异质性的土地单元组成镶嵌而成,城市郊区景观是由住宅区、学校、道路、林地、商业中心、农田、果园及荒地等异质生态系统镶嵌而成的聚合体。

2. 景观由相互作用和相互影响的生态系统组成

生态系统或景观要素之间的物质、能量和信息流动实现，形成整体的结构、功能、过程以及相应的变化规律。相互作用表现在两方面，一方面是很多环境成分如热、风、水及矿物养分在相邻的生态系统间流动；另一方面是动物和植物的种子、孢子、花粉等在生态系统间运动。如森林覆盖面积越大，那么在光合作用下就能产生更多的氧气，同时根系牢牢抓住了土壤，还可以固化水源，它们改善了周边的气候和环境，为果园、庄稼、水产养殖等的稳定发展提供了条件。

3. 景观具有一定自然和文化特征，兼具经济、生态和文化的多重价值

景观不仅有自然生态特征，还具有地域文化特征和社会经济特征，它们相互影响、相互联系、相互作用，决定着景观的干扰状况，是景观规划中不可或缺的一部分。富有生机、和谐、优美或奇特的景观是人类可以直接利用的资源。视觉景观的资源性特别表现在对风景旅游地的认识和开发，以及对人类居住地的设计和改造上。人类的经济活动和文化活动都会受到景观的影响，经济层面如不同的土地利用方式，文化层面如旅游文化和建筑风格。

二、景观规划

(一)景观规划的内涵

景观规划是针对大的区域和空间，基于对自然及其人文过程的认识来协调人与自然关系的过程，即选择最合适的土地来规划实施与之相适应的项目。

中国学者丁绍刚教授经过综合分析、总结、概括和提炼后认为，景观规划体系包括四个方面：(1)自然与文化资源保护和保存；(2)景观评估和景观规划；(3)场地规划，细部景观设计；(4)城市设计。

广义的景观规划，是一门运用自然科学和人文艺术来协调、管理人

与土地以及土地上的物体和空间关系的学科。狭义的景观规划,是指设计者对特定场地进行的有意识的创造行为。

景观规划综合了建筑、雕塑、绿化等诸多要素所进行的外部空间的环境设计,其要求或标准会随着时代的变迁而产生变化,以适应所处时代的科学技术发展水平以及人们审美观念趣味的变化。

(二)景观规划与传统的园林的区别

1. 园林在前,景观在后

圃,是菜地,菜园;囿,古代帝王豢养动物的狩猎场。随着城市的发展,人们开始在特定的居住区囿围营造有人文特色的自然生态环境,这就是园林。到了现代,由于工业的发展和民主意识的加强,以及市民和公众健康的需要,以前属于私家的或者达官贵人的园林,现在则面向公众,走向开放,成为景观或公园。

2. 景观规划更加强调精神文化

建筑和城市强调精神文化,强调功能、技术,并解决人类的生存问题,而景观规划则需要解决人类的精神享受问题。一切的建造和布置都要围绕这一核心进行。景观规划的基本成分包括了软质和硬质两部分,如树木、水体、风、雨等称为软质景观(图 1-3)。如铺装、墙体、栏杆、景观构筑等为硬质景观或称建成景观(图 1-4),两种景观均可形成一定的精神文化。

现代的景观设计,往往借助古代文化或现代文化的符号语言表达人性、人文、理想、民主和国家等精神文化诉求。

3. 面向大众的景观规划设计

古代的园林通常是为少数富人服务的,除了规模比较大的皇家园林,其余的多是较小的私家花园;而现在的景观规划设计主要是面向大众,面向一个区域、城镇和一个城市。

图 1-3　软质景观

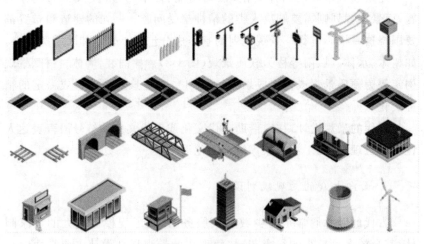

图 1-4　硬质景观

第二节　景观规划设计的发展过程

一、从朦胧意识到个体生存适应的景观

从原始社会一直到农业社会，人类都处于被动发展阶段，这是因为人们还不够了解大自然各方面的规律，因此，大自然的力量对人类来说是不可亵渎的。很明显，当时的人类在自然环境中是不占优势的。再往后发展到农业社会时，人类对自然有了一定的了解，从过去只为生存，逐步转向关注自然环境、关注居住范围内周边景观的营造。这一时期人们追求环境的健康性、稳定性和安全性，在此基础上追求人与自然的和谐发展。

二、从对抗的景观到满意的景观

工业革命源于英国而盛于美国。大工业生产使社会发生了一个巨变，城市迅速形成并不断扩大。

此时，出现了推动景观规划设计快速发展的几个领域：

（1）城市化发展将人们与自然环境分割成两个独立的区域，一个是专门供人们居住、生活、工作正常运行的城市区域，另一个是供人们户外放松、亲近大自然的景观区域。这一阶段的社会生活方式决定了景观规划不再像以前以田园式景观为主，而是在城市中造园，以缓解紧张的社会节奏和人们对于自然空间的渴望。

（2）与城市化并行发展的是工业领域。工业化的兴起使人们将目光转向了大自然，自然资源不仅要供给工业消耗，而且自然环境还要负担工业生产过程中产生的污水、废气、渣滓等污染物。由于人们对自然环境的了解十分有限，而是根据自己的需求随意破坏自然环境，导致各类生态灾害频发，所以，以流域、区域生态整治为目的的生态规划开始出现。

三、从满意的景观到整体人文生态系统

第二次世界大战以后,经济和技术的进一步发展,科技革命、信息革命等使得人类进一步感觉到工业发展对于自然环境的破坏,已经开始威胁到人类自身的生存和发展。生态平衡问题和可持续发展战略,"为了一个地球"的活动等,令人们认识到自然环境的重要性。人类与自然的对立、敌对关系转向和回归为"亲和"与"统一"的关系。人类物质和精神生活的诉求也进一步提高,与大自然亲密接触,在自然中休闲、旅游等活动迅猛发展。城市的建筑设计由个体转向群体,园林绿化设计转化为环境设计,确立了城市生态设计的概念。

四、生态景观规划设计的兴起

进入 21 世纪以来,中国的各大城市和中小城镇都兴起了景观建设浪潮,其发展的规模和速度也是空前的。这一时期,景观设计的生态理念开始逐步引起人们的重视。提出景观设计要以生态学为基础,以景观可持续发展为要求,综合考量人与自然的环境协调原则,最终达到二者相互和谐,共同发展的宗旨。在关注生态环境和资源条件的同时,景观设计者还要清醒地认识到当下社会和时代的整体发展环境,在尊重和继承传统文化的同时,注重体现现代景观设计的文化内涵,进而创造出令人赏心悦目的、积极向上的景观设计作品。

五、景观规划设计的发展

人类社会可持续发展研究的核心是将社会文化、生态资源、经济发展三大问题平衡考虑,以全球范围和几代人的兴衰为价值尺度,并以此作为人类发展的基本方针。进入 21 世纪后,人们的社会生活方式、文化理念、价值观已发生了深刻的变化,它们相互结合,共同构筑起现代景观规划设计发展的需求。

（一）景观规划设计的前景

城市规划是城市总体的归纳和划分，而风景园林规划、景观设计是人文、艺术、生活的体现，体现人的社会效益为前提标准。风景园林师、景观设计师等需要熟悉相关知识，如植物种类、地理环境、历史文脉等，从而为城市、街区群众设计出适用的公共设施、景观小品等；需要了解该区域人的基本需要以及审美知识，要将传统艺术和生态美普及到生活中去。

（二）景观规划设计发展趋势

景观规划设计作为一个新兴的、热门的职业，其受欢迎程度不亚于电子、科技类职业。它在房地产、建筑、生态等领域中备受青睐，社会对景观规划的关注度也在不断提升，因此景观设计在未来仍会是未来炙手可热的产业之一。

景观规划设计的内容不仅包括公园建设和居住环境的改善。随着大地艺术的兴起，旅游产业的发展，自然生态保护区的开发和森林保护等工作也促使景观规划涉及的领域越来越多，范围也愈来愈大。尤其是城市的扩建，无论是居民楼（图1-5）还是商业场所，绿植和游玩设施都随处可见。可见，设计师的舞台已经从当初的园林设计，逐步走入了城市建设当中。

图1-5　居住社区的外部环境设计

第三节　景观规划设计的要素与分类

　　景观规划设计是由众多要素构成并相互作用的综合体,它们决定了景观艺术设计的相关特点。

一、景观规划设计要素

(一)景观要素

1. 地形地貌要素

　　我国的领土面积有 960 多万平方公里,从北到南跨越了五个温度带,可想而知其中包括了多少种的地形地貌。而且不同的地形地貌有不同的环境特征和美学特征,它影响着该区域的气候、经济、交通、物产、植被和文化等方面,也影响着城市布局、城市与自然的交界线的走向、局部地区的气候形成、观赏者的欣赏视角等。

　　(1)平坦地貌

　　平坦地貌不是指地形绝对平坦,而是在大范围上高低起伏不明显,坡度差较小而已(图 1-6)。交通便利,有助于文化、经济的交流,大区域的平坦地貌如果水源丰富,气候适宜,则往往是人类主要的聚居地,如长三角、珠三角、华北平原区等。该地形一望无垠,变化较少,因此在视觉上就比较单一,只能看到土地和天空,没有足够的刺激性,观赏性欠佳。美国中西部大平原、亚马孙平原、西西伯利亚平原等大平原都属于这类的地形地貌。道路平坦,植被景观单一,视觉比较枯燥乏味。

图 1-6　黄河平原

（2）凸形地貌

凸起的地貌，例如山顶和丘陵缓坡（图 1-7）等地形，与平坦地貌相比起伏明显，具有一定的律动性。其视线通常会聚集在地貌突出的部分，因此该地形的视觉方向是向上或向下的；又因为它的背景为较平坦的地貌，所以又有左右的视觉方向。

图 1-7　凸型地貌

（3）凹形地貌

凹型地貌四周高，中间低（图 1-8）。该地形在视觉上具有封闭性、私密性和集中性，让人感觉安全。凹地具有一些不好的特点，比如容易积水、比较潮湿。

图 1-8　凹形地貌

（4）山脊地貌

山脊地形是连续的线性凸起型地形，有明显的方向性和流线（图
1-9）。

图 1-9　山脊地貌

在设计时要考虑山脊地貌的方向性和观赏的活动路线。从常规的行为习惯上来说，人们更喜欢沿着山脊旅行，而且也方便攀爬、节省体力，所以游览路线要顺应地形所具有的方向性和流线。

（5）山谷

两山之间狭窄低凹的地方称为山谷（图1-10）。山谷顺山而成，因此是有方向性的，又处在低凹处，所以视觉上还具有开放性。由于山体排水留在了山谷中，所以容易形成自然的溪流。

图 1-10　山谷地貌

2. 建筑要素

景观建筑泛指所有建造在园林景区里承载一定功能，如活动、赏景、休憩等，并与景观环境相协调的构筑物。它们通常会在园区里形成有节奏的景观轴线。

常见的中国古典园林建筑包括亭、台、楼、阁、轩、舫（图 1-11）、厅等，西方园林建筑包括宫殿（图 1-12）、雕塑、花坛、喷泉池、柱廊、拱桥等。

图 1-11　上海桂林公园般若舫

图 1-12　宫殿

3. 植物要素

植物,作为环境构成中具有生命力特征的素材之一,它既是景观主体的烘托者,也是表现者(图 1-13)。植物无论是单独布置,还是与其他景物配合,都能很好地形成景色。

图 1-13　植物要素之一——树木

通常在园林景观中,我们会看到大面积或接连不断的植物,而且植物穿插有致,各不相同,形成了一道道亮丽的风景。这是因为设计师在规划时,用艺术的手法将植物素材的形体、线条、色彩等方面的美感充分展现出来,它们或主或辅,相互搭配,创造出与周围环境相适应、相协调的艺术空间。

4. 水要素

水是自然环境的重要组成部分,也是自然界最为活跃的因素,它形态万千,以软性物质的物理特性存在于自然界,具有较强的可塑性。

(1)按水体的形态分类

①自然型水体:天然水体和模仿自然形状而制造的河、湖、涧(图 1-14)、泉、瀑等。水形轮廓自由、随意。

图 1-14　杭州九溪十八涧

②规则型水体:人工开凿呈几何形状的水面,如水渠(图 1-15)、方潭、园池、水井及几何形体的喷泉、瀑布等。

图 1-15　威尼特河水渠

(2)按水流的状态分类

①静态水体:水面平静、无流动感或者是运动变换比较平缓的水体。

②动态水体:可分为流动型、跌落型和喷涌型水体。表现形式有流水、跌水、喷泉(图 1-16)、瀑布等。

图 1-16　布达拉宫喷泉

（3）按水体的功能分类

①观赏型水体：主要用于造景观赏，不可近距离互动的水体。

②互动型水体：将人作为构成因子纳入水景的构景要素，实现人水互动，例如泳池、垂钓、水上娱乐（图 1-17）、亲水平台等。

③装饰型水景：主要承载美化环境、烘托活跃气氛的功能，起到点缀、衬托、渲染等装饰效果。

图 1-17　水上娱乐

(二)造型要素

景观设计的造型要素包括点、线、面、体(图 1-18)、色彩、质感等。造景离不开造型,因此学习和掌握造型的基本方法,是从事景观设计的基础。

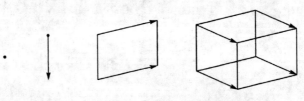

图 1-18　点、线、面、体

一个实心的圆点或小方块都可以叫作点,它只是代表空间中的一处位置。

点在连续移动的状态下形成了线,或者说点行动的轨迹就是线。其特征有长度、方向、位置等。

当线朝一个方向移动时,轨迹的组合就形成了面。面是二维状态,没有厚度,面的外形就是它的形状。其特征有长度、宽度、形状、表面、方位和位置等。

面朝其垂直方向移动或层层叠加就形成了体。形体被看成是实心的物体或由面围成的空心物体。其特征有长度、宽度、深度、形式、空间、表面、方位和位置等。

1. 点

一个点是形式的原生要素,它表示在空间中的一个位置,可以是平面的也可以是立体的。在空间中,点是形象最初的源头,是空间最重要的位置。景观中一棵树、一个凉亭、一座雕塑等都可以视作点。在景观造型中要合理设计视觉中心点和透视消失点,做到既让游客以舒适的角度进行观赏,又能突出特色的景观,引导游客的视线。

2. 线

点的运动形成线。线是有一定方向或方位的,它们影响着视觉状态和构成。例如,垂直的线会有重力感、压迫感,一般会想到高耸的建筑、山、树等。水平的线一般用于表现地平线,具有稳定和平衡感。偏离水平或垂直的线为斜线,可以看作是倒下的垂直线或在升起的水平线,呈现动态。在不平衡的情况下,斜线在视觉上成为动感的活跃因素。在设计中,一条线可以作为一个设想中的要素,而不是实际可见的要素,例如轴线、动线。

线是造型中最基本的要素,两点之间连接生成线。它是面的边缘,也是面与面的交界。在景观设计造型里,线的所有种类都可以反映在各部结合处。河流与植被的边缘、树线、天际线、地平线、各种轮廓线、道路、溪沟等线是显现的;地形的等高线、建筑退后红线等则是隐含的。山体的轮廓、湖水的边界等是自然的线;道路、屋脊等则是人造的线。由于线有多种特殊的性质,如清晰的、模糊的、几何形的、不规则的、流畅的、不连贯的等,景观中的线也会呈现出这些特性。例如,视觉上的天海交界线水平而连贯,而一列树所形成的线则可能曲折多变。

许多景观规划设计都不同程度地表现出线的形态,2011 西安世界园艺博览会山水·中国地图园的设计就是采用线的造型来构成景观。它是由法国大师凯瑟琳·摩斯巴赫设计建造的,通过拓展边界让游客置身于一个微观世界。园子遵循大型皇家园林的法则,微缩中国地图,将地图中河流的走向、地形的起伏都视作抽象的线条,把线条有机地组合在一起勾勒出轮廓,从而制造出三维立体的山水·中国地图。

平滑的曲线有多种形式,可环绕成封闭的曲线。景观中的封闭曲线随处可见,如池塘边缘、草坪的边界、环形跑道等。封闭的轮廓能形成有效的图形意识,曲率和角度急剧变化会带来戏剧性效果。这些形式赋予空间松散、非正式的气息。

3. 面

面是线平移而产生的。面对空间的限定可以由地面、垂直面、顶面来实现。地面是景观规划设计中一个重要的设计元素,它的形式、色彩、质感将决定其他元素。

线的空间运动也会产生曲面。它能丰富整体效果,改变由单一平面造成的单调、呆板的气氛。

（1）正方形

正方形是景观设计中最简单、最基本的图形。正方形是一种静态的、中性的形式，没有主导方向，但是当立在它的一个角上的时候则具有动态。正方形可以衍生出矩形。

（2）三角形

三角形兼容性差、有明显的方向性、动感强烈、有力而且尖锐，能创造出一些出人意料的造型效果，给人以惊喜。三角形可以衍生出 45°/90°和30°/60°的直角三角形。

（3）圆

圆既是轴对称也是中心对称，给人以统一、完满、柔和的感觉。圆形是一个比较特殊的图形，它同时具有运动性和静止性。圆形是一个集中性、内向性的形状，通常在它所处的环境中是稳定的和以自我为中心的（图 1-19）。

图 1-19　圆形景观设计

4. 体

体是由三维视觉要素长度、高度和宽度构成的。景观中的体有实体和虚体两种类型。建筑、地形、山丘等都是实体，曲线、平面或其他实体围合的空间则是虚体。体也可以划分为规整的几何形体和不规则的体，前者如四面体、锥体和球体等，后者如在景观中更为常见的自然地形地貌、凸起的自然景物等。

体具有被切割、叠加、移动、连接、组合、分离等特性,这是体的一个重要形态特征。体经过切割、叠加、移动、连接、组合后可变成多种形态。景观中体的大小、位置和比例给人以不同的视觉感受,例如,庞大的体更容易吸引人的视线,具有崇高、恢宏之感;而微小的体常会被视觉忽略,但有时也能起到画龙点睛的作用。

景观中的形体可以是建筑、树木、石头、地形、水体等,它们多种多样的组合构成了丰富多彩的景观。

5. 色彩

色彩是景观要素视觉效果的最重要变量之一。景观要素具有丰富的颜色,或是自然的,或是人造的。颜色的变化给人在视觉和情绪上以不同的感受(图 1-20)。通过颜色的调配,景观的某些元素得到强化,其他元素相应地被弱化,这在城市夜景景观设计中表现得尤为突出。

图 1-20　九寨沟五花海

色彩三要素是用来界定色彩、判断色彩之间关系的标尺。科学实验证明,任何色彩都是由 3 个基本特性所组成,缺一不可。其中,色相(Hue)用于描述色彩的颜色特征;明度(Value)用于描述色彩的明暗程度;纯度(Chroma)用于描述色彩中含有单色光的纯净程度。色彩三要素是依据光的不同波长、振幅、位置等因素所构成,这也称为光感特征。色彩三要素相互独立,共同构成某种色彩的基本特征。

同一个色相可以有不同的明度。不同色相之间也存在明度的差异。色相的明度受两种情况制约:一是光源色的强弱变化,二是黑与白的介入强度。光源色强,色彩的明度就会随之提升;光源色弱,色彩明度便会随之降低。色相中黑色成分多,就会降低反射光的强度,明度随之降低;色相中白色成分多,就会增强反射光的能力,色相的明度就相应提高。

纯度即色彩的纯净程度,又称彩度或饱和度。色彩饱和度受很多因素的干扰。在一个色相中加入其他色相,如加入黑、白,都会降低色相的鲜灰程度,从而影响色彩饱和度的指标。纯度是以含灰量作为变化指标。含灰量多的纯度低,含灰量少的纯度高。

色调就是色彩的总倾向、总印象、总效果,由色彩的三属性决定。从色彩的特性上,可以分为暖色调、中性色调、冷色调。色调不仅可以使局部与整体形成和谐统一的整体视觉感觉,还可以体现出作者的审美情趣、心理要求,从而协助表现作品中的情感。暖色是从黄到橙再到红的色调,而从绿到蓝到紫的色调则为冷色,黑色、白色、灰色、金色和银色为中性色。暖色明亮、活泼、引人注目;冷色宁静而收缩;中性色则没有明显的视觉冷暖感受。

6. 质感的意义和趣味

质感是物质的纹理、质地反馈在人体视觉和触觉上的感觉。如布料摸起来是柔软的;木桩是较坚硬的,有一定的生长纹路等。

质感可以分为人工的和自然的、触觉的和视觉的。不同质感给人以软硬、粗细、光涩、枯润、韧脆、透明和浑浊等多种感觉形式。人们对物体质感的感知会因为距离的远近而有所不同。如建筑外墙是用加入碎石的混凝土堆砌的,在远处时,视觉平整、光滑,在近处时就会觉得有颗粒感、粗糙、不平整。

可以借助材料的硬度、重量、表面肌理、色彩触感和距离等,通过塑造手段来表现不同环境中人的情感。例如,在设计中可在庭院中点缀石头和踏步石布置在苔藓或草坪中(图1-21)。材质永远是景观设计师追求和利用的设计因素,而材料的更新又为景观设计提供了更广阔的空间。

图 1-21　庭院中的材质设计

二、景观规划设计分类

"景观"在实际空间中所涉及的区域和范围非常广泛。景观规划与设计的工作范畴也非常庞杂，可以从景观资源、服务对象、景观功能、空间类型、设计规模和深度等多方面进行分类。

（一）按规模分

景观规划设计，与景观、景观设计、园林、建筑、城市设计密切关联，从宏观的大尺度景观到微观的小尺度景观，从风景旅游区到街头的绿地，都涵盖其中。按规模具体可分为宏观景观设计、中观景观设计、微观景观设计。

　　景观规划设计实践所涉及的范围,包括了建筑以外的室外空间的所有设计。微观尺度的景观规划设计包括庭院设计、别墅设计(图 1-22),有的面积可能只有几十平方米;中观尺度的景观设计包括交通主干道、步行街道、滨水景观、公园设计、广场设计(图 1-23)、居住区景观设计、主题乐园景观设计、滨水景观设计、历史街区景观设计,等等,面积从几公顷到几百公顷不等;宏观尺度的景观规划包括旅游区规划、国家公园规划,商业区和综合性居住区改造等内容,乃至国土资源规划,面积以平方公里计量。

图 1-22　别墅景观设计

图 1-23　青岛五四广场

（二）按空间类型分

1. 乡村景观规划

可以说乡村景观（图 1-24）兼具了城市景观和自然景观的特点，是世界上出现得最早，且分布最广泛的景观类型。它是由乡村聚落景观、乡村经济景观、乡村文化景观和自然景观构成的环境整体。

图 1-24　乡村景观

2. 自然风景区景观规划

自然风景区（图 1-25）是城市六大绿地类型之一，在城市绿地系统中占有较大的比例。它是经官方审定命名的风景名胜资源集中的地域。它具有丰富的自然美学价值、地域代表性、人文历史文化价值，是生态环境优良的风景资源。在自然风景名胜区，可开展游览、审美、科研、科普、文学创作、度假、锻炼、教育等活动。

总体来讲，自然风景区旅游景观规划是从区域的角度，从区域的基本特征和属性出发，把为旅游业服务作为主要目的，对自然环境进行人为的综合设计规划，使之更加符合人类审美观的一种行为过程。设计者通过自己的理念、采用合理的方式对旅游风景区进行设计，使之更加符合人们对于自然的审美。

图 1-25　稻城亚丁风景区

3. 城市公园景观设计

城市公园景观的受众群体是社会民众,目的在于调节和放松人们的身心。它包括绿植、水体等自然景观,还包括亭、台、楼、阁、娱乐设备、健身器材等。城市公园具有多重功能和作用,如提供游览、锻炼、交往、集会、娱乐、美化、防灾减灾等。

(1)按城市空间规划类型分类

城市公园分为自然公园、综合性公园、居住区小游园、社区公园、线形公园、专类公园等。

(2)按服务半径分类

城市公园分为邻里公园、社区性公园、全市性公园等。

(3)按面积分类

城市公园分为邻里性小型公园(2公顷以下)、地区性小型公园(2~20公顷之间)、都会性大型公园(20~100公顷之间)、河滨带状型公园(5~30公顷之间)等。

(4)按公园的服务对象和功能分类

城市公园分为城市综合公园、儿童公园、专项公园(植物园、盆景园等)、森林公园、历史纪念园(图1-26)、体育公园、主题公园(汽车公园、雕塑公园等)、文物古迹公园等。

图 1-26　韶山毛泽东纪念园

4. 居住区景观设计

居住区是以居住功能为核心的生活型社区,其主要服务对象是居民。当今社会,人们十分注重生活环境的品质,对居住环境越来越追求人与自然的和谐。由此,居住区景观设计也得到了很高程度的重视。

根据居住区的功能及区位布局,居住区的景观主要可分为入口区景观、绿地景观、水体景观等。

(1)入口区景观

居住区入口景观是居住区和城市街道的连接点,也是展示居住区对外形象的重要窗口。

首先,除了要满足人流或者物流的流通以外,入口景观各元素(门体、广场、设施、铺装、种植、建筑物、色彩、雕塑等)的设计需要充分考虑交通疏散、路线引导、标识、安全等功能要求;其次,入口景观的形式也需要根据不同的功能要求而各具特色。

(2)绿地景观

①核心绿地景观。

居住区核心绿地景观一般位于居住区中心地段,占地面积较大,景观造型相对集中,具有一定的规模,是居民在社区内日常活动使用频率最高的公共绿地。其设计主要包括绿化种植设计、住区核心景观形象塑造、户外活动场地三方面的内容。设计元素以硬质景观（场地、铺装、设施、景观小品等）为主，以软质景观（植物、水景）为辅。

②组团绿地景观。

组团绿地主要服务被小区内部道路分隔而形成的住宅组团，一般靠近住宅，面积略小。其设计侧重点在于更有针对性地为住宅组团居民，尤其是老年人和儿童，营造尺度宜人、舒适、有氛围的中小型景观空间和有归属感及领域感的休憩、交往的活动场地。

③宅前绿地景观。

宅前绿地是住户每日必经且使用频率非常高的过渡性空间。它在很大程度上缓解了现代住宅单元楼的封闭隔离感。其面积、形状和空间性质会受到地形、住宅组群等因素的制约，形态相对紧凑。多数情况下，其以富有层次感的绿植为主要景观元素，观赏性较强。

（3）水体景观

水体景观属于软质景观元素的一种，不仅有利于营造居住区的生活意境，与其他景观元素形成有效的生态互动，同时也为居民提供了有趣的娱乐资源，并且具有较高的艺术观赏价值，在居住区景观塑造方面扮演着非常重要的角色。

无论是天然的风景景观资源，还是人工营造的城市景观，或者大到宏观尺度的城市总体绿地分布，小到微观尺度的景观设施及小品设计，都隶属于景观设计范畴。其服务对象既包括泛指的城乡居民，也包括有针对性的个体空间人群，例如居住区居民、学校师生、厂区职工等。而就空间类型而言，无论是服务于市政工程的道路景观，还是服务于大众休憩的城市公园，亦或是供人群集散活动的广场，都承载着不同的功能导向，且都具有独特的设计意义。

第二章 景观规划设计的原则、方法、程序

　　景观规设计划有其基本的原则、方法和程序。尽管其在不同景观类型的景观生态规划与建设中的具体表现和重点有所差异,但都是在景观生态学原理的指导下提出的,是景观生态学原理在景观及区域可持续发展中的具体应用。

第一节　景观规划设计的原则

　　现代景观规划设计涵盖面广,大到景观的旅游规划、区域建设性规划,如休闲度假区、生态体验旅游区、特色文化景观旅游区的规划与设计等,小到如街头绿地、住宅小区以及家居庭院的设计等,环境质量影响人的生活质量已成为共识。人塑造环境,反过来环境也塑造人,这就意味着在进行景观规划设计时,必须注重对环境的营造。现代景观面向大众群体,是公众化的规划设计,需要注重历史文化精神的延续和人文主义的关怀,注重人类与自然的和谐相处。因此在进行景观规划设计时,不仅仅是艺术创意的无限发挥,同时也应遵循一定的原则。

一、宏观原则

(一)效益原则

　　景观生态规划必须以社会、经济、生态效益的统一为原则。仅有生

态效益没有社会效益和经济效益的规划是理想的"乌托邦",最终没有市场,不可能实施;只追求经济效益的规划,也不是生态规划;既有经济效益,也有生态效益,但社会效益差的规划又不会被当地居民认可。所以,要保证规划方案的可行性,强调经济、社会、生态效益的统一,即综合的整体的效益是唯一选择。[1]

(二)前瞻性原则

现代社会是信息时代,每时每刻人们通过各种途径接收到海量的信息,景观发展也是日新月异。所以在规划设计景观时,要适度超前,即具备前瞻性。景观规划设计要符合自然规律的内在要求,经得起时间考验和历史验证的才是真正经典的景观空间。景观规划设计不能只停留在"过去时",要从设计工具到设计手法上都要与时俱进,跟上科学技术的进步,这样才能保证景观设计不被未来抛弃。在进行各个景观元素的规划设计时还可以积极采用太阳能、生态循环系统等新技术、新手段,以实现与时俱进的生态景观。

(三)生态性原则

在设计中充分重视景观对生态环境的积极作用,顺应自然地展开设计。在设计中,将资源有效地加以利用与保护,尽量保持现存的良好生态环境,避免对地形构造和地表植物等元素的破坏,这样既能更好地营造自然特色,又能节省资金的投入。改善原有不良环境,要将影响整体美观和功能效果的资源合理地修整和改造,发掘其美好的一面,将先进的生态理念和技术运用到环境景观塑造中去,使人工环境与自然环境有机地结合起来,满足人类回归自然的精神渴望,体现环境整体的融合与统一,构造绿色环保的人居环境。

(四)文化性原则

没有文化的景观是没有灵魂的。景观规划设计本身就是文化的一

---

[1] 李振煜,杨圆圆. 景观规划设计[M]. 南京:江苏美术出版社,2014.

种现象,所以文化贯穿于景观规划设计的全过程。文化元素是设计师与游憩者达成审美共识的可靠平台。所以在景观规划设计一开始,设计师就应从文化着手、溯源,从不同的角度和方法去阐释文化中的"闪光点",结合传统的设计理念进行再创造,进而提炼出准确、亲切、动人的"场所精神"。优秀的景观规划设计是将悠久的传统文化和现代生活所需求的美学价值追求巧妙的结合。

(五)人本化原则

景观设计的主体是人,是建立在以人为本的原则基础上展开的。景观设计的最终目的是通过人性化的设计,提供满足人们舒适、亲切、轻松、愉快、自由、安全和充满活力的体验空间。这就要求在设计时考虑使用者的生活习惯与基本要求,熟悉设计项目的现状与发展的文脉,结合使用者的想法和观念进行综合提炼、概括和合理的修整,形成符合地方民俗风情、传统文化背景,满足人们基本需求的设计作品;要通过以人为本的设计形成绿色可持续发展空间,提升生活环境质量,得到使用者的认同。

(六)可持续发展原则

景观规划设计要追求可持续发展原则,即人与自然环境的协调发展。规划设计中,必须以保护自然环境为基础,使经济发展始终与环境保护处于平衡状态,体现在对当地资源的合理规划和利用。如在四川汶川地震后的重建中,羌族人民就充分利用了地震产生的石头和石板作为重建房屋地基的材料,大部分建筑用材中使用了地震破坏的山林木材,表现了羌族的建筑风格,并在整个羌族灾区推广使用,形成了独特的地域风格和特色(图 2-1)。环境中资源是有限的,在规划设计中,对资源的循环利用以及保持地方资源的持续发展是我们必须面对和考虑的问题。

图 2-1 羌寨

二、具体设计原则

(一)针对性原则

景观生态规划是针对特定区域和特定对象的规划。不同地区的生态结构、格局、过程不同,规划目标和要求也不同。例如,自然保护区生物多样性生态景观计划旨在保护稀有和濒危物种;而城市规划的目的则在于调整农业发展,维护良好环境等。目的不同,对规划的要求就各有侧重,因此,具体到某一景观规划时,要建立不同的评价及规划方法。

(二)方便与安全性原则

1. 做好安全风险评估,保证场地安全

这主要包括地质灾害、洪灾等自然灾害发生的可能性,以及周边环境潜在的安全隐患等。在此基础上进行景观规划和设计,可大大增强景观工程自身的安全性和其安全功能的发挥,反之则可能带来灾难性后

果。场地安全风险评估基本过程如下:风险识别、确定安全风险的后果属性、计算威胁指数,并对威胁进行排序。不同的场地属性和景观设计目的,可能对安全风险的重视程度不同,应根据实际情况,多方面地进行考量,得到各个风险的威胁指数后,进行排序,有针对性地解决高风险,防范和规避低风险。

2. 慎重选择景观材料

所有的景观作品均需要材料进行构建,存在安全隐患的材料有可能对人体健康和生态环境造成恶劣的影响。材料的选择要避免有害物质的存在,如果是含有对人体有害物质的景观小品,在人长期接触后,可能导致皮肤病等疾病发生。而植物的配置也要考虑对现状生态系统的影响,如水葫芦(图 2-2)的引入可能造成河流生态系统的破坏。

图 2-2 水葫芦

3. 考虑特殊人群的使用

为公众提供休闲娱乐场所是景观设计的重要任务。如同建筑设计要考虑无障碍设计一样,景观设计也要考虑特殊人群的安全使用问题,尽可能使更多人亲近景观、享受景观。在设计过程中,要同时考虑儿童、老人、残障人士等特殊人群对景观的安全使用。设计中应避免游人在景点边缘"望景兴叹",在路径的规划上,要尽量保证核心景观的通达性,确保残疾人无障碍通道的畅通和安全(图 2-3)。在安全防护设施的设计上,不仅要考虑对成人的保护,还要重点考虑对儿童的保护。这些都体现在材料选择、尺寸等细节设计上。

图 2-3　上海大学教学楼无障碍通道

因此,景观设计者必须掌握防灾城市公共空间的规划和设计方法及原则,了解城市灾种及其特点,熟悉城市公共空间的防灾避难功能,掌握相关防灾规划理论和设计方法,并在应用中注意吸收先进的规划设计理念和方法。

(三)美学原则

景观规划设计应注重符合艺术美规律,合理搭配,通过艺术构图体现景观元素个体和群体的形式美。

1. 多样与统一

在景观规划设计中,首先要综合各方面因素,确定一个整体的构思,形成其整体格调。各部分协调一致后,围绕景观中重点想表达的部分展开设计,丰富细节,寻求变化,进而使景观丰富而协调,让人们对景观的整体印象亲切而深刻。

2. 主从与重点

在景观设计中,千万要注意主景与配景的关系,切不可喧宾夺主。

主景的位置、视角、色彩变化等都要明显区别于配景,要弱化配景的"地位",突出主景。

3. 对比与相似

景观规划设计中要想突出某一处景观或景物,就势必会用到对比。对比的方式多种多样,如色彩对比、形状对比、地势对比等,但最终目的都在于吸引游览者的目光。而相似强调的是各个元素之间的协调关系。例如为老人设计的空间应该多采用相似的设计因素;而儿童对新鲜的事物感兴趣,且注意力会不停变幻,因此设计上多采用对比的手法。

4. 均衡与稳定

均衡是指景观设计布局中的前后、左右的轻重关系;而稳定是指景观设计布局的整体上下轻重的关系。

5. 韵律与节奏

韵律与节奏都是音乐中的专有词汇,放在景观设计中我们可以这样理解:无论是色彩、面积、线条、质感还是造型,首先都要讲究生动活泼,不能死板,其次还要注意视角的舒适性,不要连续安排同一种景物,这样会造成视觉疲劳,也会让游客失去兴致。所以要综合景物的特点,有规律地穿插布局,从而使景观具有秩序感、运动感。

6. 比例与尺度

在景观设计中,比例的运用贯彻于设计的始末,只有各个景观元素比例适当才能突出主题。尺度是指建筑在相互对比的情况下,其实际大小和游客印象中大小之间的关系。因此,在景观规划设计时既要参考景物、建筑等本身和彼此之间的大小参数,也要将人的视角作为处理尺度的标准。

第二节 景观规划设计的方法

一、景观规划设计方法的分类

(一)景观综合规划法

捷克景观生态学家鲁齐卡(Ruzicka)和米克洛斯(Miklos)在长年累月的优化设计过程中,提出了一个景观生态综合规划理论与方法体系(LANDEP)(图2-4)。该方法包括景观生态资料分析和景观利用优化两部分。第一部分分析的内容包括非生物复合体、生物复合体以及人类

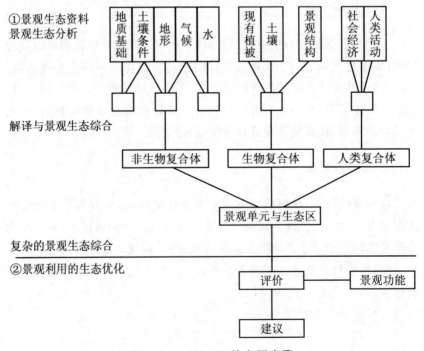

图 2-4　LANDEP 的主要步骤

复合体。其中,非生物复合体是指地形地貌、水、空气等自然影响条件;
生物复合体是指土壤、植被本身;人类复合体是指经济、社会和人类活动
等人为造成的影响。第二部分是整个规划的核心,在对景观生态各要素
进行分析和评价后,制定出适宜人类活动的区域。

(二)基于适宜性评价的景观生态规划方法

麦克哈格(McHarg)通过大量案例分析,将宏观生态思维与优化土
地利用配置相结合,形成了基于生态适应度分析的景观生态规划框架。
这种方法强调土地在利用过程中要体现其内在价值,也就是说要在尊重
自然过程,即在尊重自然地质、地形、土壤、水文、动植物等所有自然因素
文化历史的基础上,充分、恰当、尽可能保持原本地进行规划。

(三)Metland 程序景观规划模式

美国马萨诸塞大学景观规划组的 Metland 程序,把科学知识和先进
技术具体化为一个景观生态规划模式。它从第一阶段的复合景观评估,
经过第二阶段可选规划的系统阐述分析,到第三阶段的规划评价,用一
个评价程序来预测所提出的土地利用效果,从而制定出既满足人类大多
数目标,又对景观的价值、生态价值和公用事业价值没有副作用的规划
(图 2-5)。

(四)景观格局的土地利用分异(DLU)战略

该战略模式是由德国生态学家 Haber 于 1979 年提出的,适用于高
密度人口地区。该计划分五个步骤进行。

1. 土地利用分类

首先需要对区域内的土地利用类型有所掌握和了解,然后根据由生
境集合而成的区域自然单位(RNU)来划分。RNU 携带的特征组可以
帮助形成反映土地用途的模型。

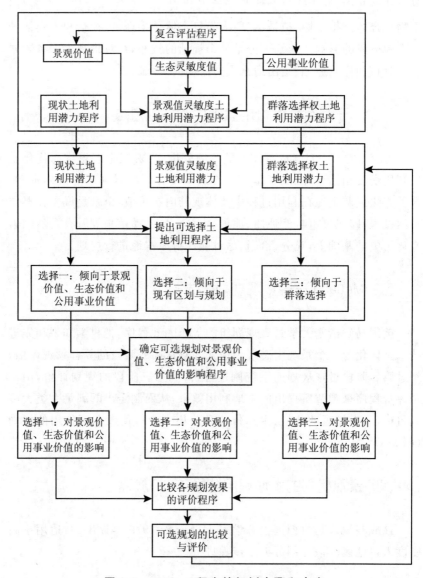

图 2-5 Metland 程序的规划步骤和内容

2. 空间格局的确定和评价

模型初步形成后,就可以对其空间格局进行评价和制图,确定每个 RNU 的土地利用面积百分率。

3. 对影响的敏感性

识别近似自然和半自然的生境簇绘图并列出清单,这些生境被认为是对环境影响最敏感的地区和最具保护价值的地区。

4. 空间联系

分析每一个 RNU 中所有生境类型之间的空间关系,尤其是连接度的敏感性以及不定向的或相互依存关系等方面。

5. 影响结构分析

利用以上步骤得到的信息,评价每个 RNU 的影响结构,特别强调影响的敏感性和影响范围。

(五)景观利用的格局优化规划方法

1995 年,福尔曼在其著作《土地嵌合体》(Land Moasic)中系统地阐述和总结了景观格局是如何优化的。该方法运用生态学相关理念和原则,宏观地分析、安排土地规划任务,在过程中发现可能存在的生态问题,同时寻求解决的方法。该方案会随着社会需求和生态发展不断做出改变和补充。

(六)俞孔坚的安全格局模型

俞孔坚教授提出了以最小累计阻力表面(MCR)模型为核心,以 GIS 为阻力表面的构建技术,设计出了一系列生态上安全的景观格局,将其定名为"安全格局模型"。①

该模型包括:源、缓冲带、源间连接、辐射道和战略点。通过该模型,景观生态规划被转换为对上述空间组分空间配置的过程。

----

① 李振煜,杨圆圆. 景观规划设计[M]. 南京:江苏美术出版社,2014.

1. 选择栖息地

通过考察原生物种和保护物种的生态栖息地和分布情况,将物种生存阻力最小、空间尺度大、周边缓冲区大的栖息地作为需要保护的景观,选择为"源头"。

2. 依据最小累积阻力模型(MCR),构建景观阻力趋势面

不同的景观要素会对源物种的迁移产生或大或小的影响。将影响程度按照阻力参数进行分级,绘制等阻力线图,形成景观阻力表面。

公式为:$MCR = fmin(D_{ij} \times R_i)(i = m, j = n)$

3. 建立缓冲带

从 MCR 阻力面上可以得到两类曲线,第一类是反映离源距离和 MCR 值关系的剖面曲线(图 2-6);另一条曲线则综合反映 MCR 值与面积的关系(图 2-7)。图中曲线上的点 b_1—b_5,是一些可识别的门槛值。根据全区内至少有 50% 以上的土地应作为保护区才有利于物种的空间运动不受景观破碎化的影响,确定图点 b_3 是较理想的、用来确定缓冲区范围的门槛值。这一门槛值与图 2-6 剖面曲线上的点 a 门槛值相对应。根据阻力表面的趋势和门槛值,按源物种对生境的适应程度(克服阻力实现迁移的能力)和对生存空间的需求规模,建立不同安全水平的缓冲区。

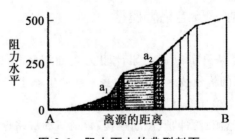

图 2-6　阻力面上的典型剖面

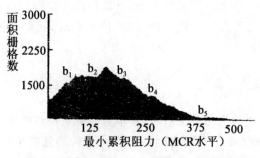

图 2-7　面积与阻力直方图显示门槛值

二、景观规划设计方法的具体实施

（一）构思立意

在设计中，方案构思往往起决定性作用。优秀的设计在构思上具有原创性和巧妙性。然而，直接从大自然中吸收营养，获得设计材料和灵感，提高规划能力，是创造新景观的一种有效方式。此外，构思设计还必须擅长探索与设计相关的体裁或材料，并在艺术表现中使用联想、类比、隐喻和其他技术。简而言之，设计师需要更加努力地寻求自我发展，以提高设计构思的能力，除了专业领域的知识外，还要注重文学、艺术、音乐等知识的积累。这些知识会在不知不觉中对设计师艺术观、审美观的形成发挥重要作用。另外，在平时要善于观察和思考，学会评估和分析好的设计，并从中汲取有用的东西。

（二）视线分析

视线分析是景观设计中处理景物和空间关系的有力方法。

1. 视域

人的视野是有一定形状的，上 70°、下 80°、左右 60°是我们能清晰地看到的最宽的范围。它成不规则的圆锥体状，一旦超出该范围，视线感知就变得模糊。在头部固定状态下,垂直视角为 26°左右,水平视角约为 45°,注视时的视角为 1°。物体在 3500 倍视距时,我们看该物体的视线也是模糊不清的。

2. 最佳视角

了解了人类的视角范围后,就基本可以确定视角的最佳范围。一般来说,垂直视角为 26°到 30°,水平视角为 45°为最佳视角。因此,在景观规划设计时就要调整主体景观的位置、尺寸等,使其处于游客的最佳视角中。最佳观赏范围可以用来控制和分析空间的大小和比例,确定景观高度和景点位置。

3. 确定各景之间的构图关系

对于静态景观设计,可以使用视线法调整放置空间中场景之间的关系,从而增强前部和后部、每个场景的主衬里之间的协调,增强空间的层次感。

(三)设计表现方法

设计表现是一种视觉过程,是通过绘画的方式表达出设计师的设计意图、概念和创意等。景观设计的理念必须通过视觉传达呈现给观众才能被理解。视觉传达依赖于各种图形,设计的表现是图形技术运用的结果。从设计理念、外部图形到图形思维过程的结果,构成了设计表达的全部内容。

景观设计的专业技能主要包括专业绘画和专业设计的视觉表达。与其他专业设计一样,景观设计使用设计方法来表达设计意图,如绘图、文本描述和建模。景观绘画是景观设计师表达其设计理念的工具。各种图纸的表达和描述是传达设计理念的图示方法,这些记录可以阐明整个设计过程。

1. 手绘

手绘景观效果图具有较强的绘画特征,绘图者必须具有较强的视觉表现能力、较强的建模能力和较高的艺术修养。绘图者可以通过收集、复制和组织景观设计材料和专业的绘画表达出设计理念。绘画应从专业图纸的角度,通过对空间、色彩搭配和透视定律的整体理解来表达自己的设计意图。

景观艺术是一种时空艺术。效果绘图将四维的空间和时间转换为平面结构,是一种结合了景观设计构思和绘画技巧的艺术形式。其主要包括速写式、写实式、绘画式、空间构想式等几种表现手法和风格。

(1)速写式

速写绘制具有生动性和随意性,常用于记录设计师的心灵感受和创作灵感。速写以激情、流畅的线条,简洁的造型为特征,是一种更高层次的艺术表现形式,具有强烈的灵感和艺术魅力,为观众提供了补充想象力的思维空间。

(2)写实式

景观设计的真实表现可以为观众提供直观、详细、真实、全面的视觉图像。逼真的效果符合公众的日常欣赏习惯,这种渲染方式往往更容易为公众所接受,商业效果更好。

(3)绘画式

景观设计的绘画表现手法,注重吸取绘画表现技法的优点。它生动活泼,注重景观物体的虚实表现以及光影的艺术效果,给人以强烈的视觉冲击力,着重表现设计师内心深处的思想和情感。绘画风格的表现会借助多种绘画手段、方法和技巧,基本靠手绘完成。

(4)空间构想式

空间构想式不受时间、空间或视点的限制。它旨在表达各种组织的意图和物理空间的排列,是绘画和制图的有机结合。它可以任意地对一个局部的空间和视觉形象加以解剖分析、分解、描写,使整个画面具有绘画的平面审美情趣。空间构想式具有许多特点,能直接、清晰、详细、严格地描述主要部分、景观比例、色彩搭配和框架结构等。

2. 计算机绘图

计算机绘图将符号、文字等非图形信息输入,然后转换成图形后输出。该系统有多重组合方式,其中硬件方面最简单的是微型计算机和绘图机。除此之外,软件也必不可少,包括操作系统、语言系统、编辑系统、绘图软件和显示软件。常见的计算机图形软件包括 Photoshop、

AutoCAD 和 3D MAX 等。

3. 三维动画

三维动画,也称为 3D 动画,是近年来随着计算机软硬件技术的发展而出现的一种新技术。计算机中的三维动画软件首先创建虚拟世界,根据对象的形状、大小模型和场景在虚拟三维世界中进行设计,然后根据轨道、虚拟摄像机和其他动画参数的运动要求设置模型,最后根据需要将其分配给特定模型的材料,并在光线下进行建模。完成所有这些操作后,计算机就可以自动计算并生成最终图像。

(四)设计中艺术手法的运用

1. 主景与配景

主景与配景是景观规划设计中常谈到的一个基础问题。如何突出主景,协调配景,使二者趋于平衡、和谐,可以采用以下方法:

(1)主景应安排在最低处或最高处,或被群山环绕,或中间平凹。这样游览时视线会自动朝向主景。

(2)轴对称。对称手法是很多艺术设计中都会用到的,它包括绝对对称与相对对称。前者规整、严肃,后者较灵活,富有变化。

(3)动势向心法。就是将整个景观看作是一个动态起伏的场景,将主景安排在动势集中的地方,做出类似于"众星拱月"的效果。

(4)结构重心法。景观规划设计一定有密集处、也一定有疏落处,主景的布置要放在整个构图的中心或相对重心部位,这样才能使主次关系平衡、稳定。

(5)园中之园法。就是在大的景观中设置一个小的、相对独立的景观,前提是大景观要达到一定的面积才可以这样布局,否则会显得十分局促,适得其反。小景观作为一个精华的、特色的部分,概括、吸收了各局部景观的精髓,因此可以作为主要景观,安排在重心位置。

2. 层次与景深

景观设计像写文章一样也是要有内容的,而内容就要通过层次来逐一体现,以吸引游览者的目光。景观设计就是借助自然景物或建筑设施来营造出层次丰富、变化多样的景观。景深通常分为三个层次:前(场景)、中(场景)和后(背景)。中景通常是场景的主要部分,如果主场景没有前景或背景,则需要添加场景增加景深以丰富场景。这一点在园艺的植物种植规划中尤其重要。单一的绿植易造成视觉乏味,因此要采用高低错落、胖瘦相宜、季节组合、颜色各异的方法进行植株搭配,以实现更好的景深效果。有时为突出主场景简单和壮观的效果,也可使其单独出现。

3. 借景

借景是设计师较常用的一种传统手法,一般是在面积不宽裕的情况下使用,目的在于尽可能拓展和丰富景观的视觉空间,在有限中囊括尽可能无限的景观。借景类型包括:

(1)远借

远借就是组织花园的远景。借用的对象有山、水、树、楼等。为了从远处看到更多的风景,往往需要站在更高处。因此,要充分利用公园内有利的地形,开辟透视线,也可以堆叠高台、假山或在山顶建亭。

(2)邻借(近借)

邻借是借用和组织花园附近的景观。周边环境是借用的基础,无论是亭子、山、水、花、树、塔还是庙,只要周围的景物能够利用都可以借用。

(3)仰借

仰借是指借园外景观,以高景为主,如古塔、高楼、山峦、树木,还有皓月星辰、飞禽等,但缺点是易视觉疲劳,因此观景点应设置亭台座椅。

(4)俯借

俯借是指俯瞰园外的景色,登高四望,各处景色尽收眼底。借助的景物有江湖原野、湖的倒影等。

(5)应时而借

应时而借是指利用四季或一日中自然和风景的变化而成的景观。这些素材充满意境,如"苏堤春晓""断桥残雪"等。

4. 对景与抑景(障景)

花园局部空间的焦点常用对景手法。如可以在玄关对面、走廊尽头、广场焦点、道路的转折点、湖塘对面、草坪一角等设置景观,以达到丰富空间景观和引人入胜的作用。

抑景障之是指限制或遮挡风景以阻挡视线为主要目的的景色。景观屏障的设置可以抑制游客的目光,增加景物层次。障景可以由山石、树木或建筑、草组成。

5. 分景与隔景

分是指空间的分离,隔意味着景观的隔离,两者相似,但略有不同。区域划分多用分割方法,分而不离,有道可通。隔景法用于景观隔离,隔而连续,景断意联。

6. 夹景与框景

夹景指通过遮蔽景物两边的透景线,使视觉保持或停留在中间夹角处的位置,以此突出想要表现的景物。夹景多由墙壁、树木、山石等构成。

框景是指借助亭、台、楼、阁的门窗,将景色从视觉上分割成数个"风景画",可以起到克服景物分散的弱点。

7. 透景与漏景

很多人分不清透景与漏景的区别,以山石设计的评价标准来说,"透"是指能看穿过去,而"漏"是指漏水。在景观设计中,如果景物前面没有遮挡,则是"透";如果景物前面存在稀疏遮挡,则为"漏"。二者的区别在于"漏"的程度,"漏"的面积足够大就是"透"。在花园里,可以使用窗棂格栅、竹木疏校、山石环洞等形成隐秘的景观,以提高观赏的趣味性。

8. 朦胧与烟景

巧妙地利用天气、地理和气候等因素,可以营造出烟雨朦胧的景观。例如,避暑山庄中有"烟雨楼",因其处于烟雾缭绕之中,再现了浙江嘉兴南湖的云烟之美。

第三节　景观规划设计的程序

景观规划设计的内容不同,设计程序也就不同。一般较简单的景观规划设计,如居住小区绿地景观、某一街道局部景观等,设计程序相对简单一些,可能一两个步骤即可完成,但复杂的景观如城市规划、公园、广场、大型道路等景观规划设计一般要分几个阶段:招投标阶段;承担规划设计任务阶段;调查研究阶段;初步设计阶段;施工图设计阶段。

一、招投标阶段

按照相关规定,一些较大的政府项目都要通过招投标公司公开招标、竞标,招投标公司根据业主要求通过网络等公众媒体发布招标公告,并在一定时间内组织标书的审查、唱标、评标、预公告、签订合同等一系列工作。

(一)标书编写

从事规划设计工作的单位在看到投标公告后,对照业主的要求,确定自己的资质、业绩等是否符合要求,满足相关要求并有一定竞争力时要积极组织相关人员编写标书。标书的核心内容包括项目经费预算、技术方案、人员组成和工作基础。技术方案要切实可行,经费预算要合理,技术力量雄厚,工作基础扎实。标书中还要有相关的证明材料,如企业或事业单位的营业执照、组织机构代码、法人证明、资质证书、相关业绩证明、技术人员相关证明材料,等等。

(二)投标与评标

标书制作完成后,按时间要求,及时将标书交到指定的地点,接受招投标公司的审查,符合要求的标书公开唱标,公开投标报价,之后由评标人员按照相关标准评标。

(三)签订合同

经评标后确定的最终中标单位在预公告期结束后还应签订项目合同,之后才能正式开展工作。

二、承担规划设计任务阶段

这一工作在招投标阶段就已开始。合同签订后,规划设计单位必须在进行总体规划构思之前,完成设计任务书的编写。

进行景观生态规划,首先需要确定这三点,即景观规划的区域面积、规划的总目标,以及规划过程中存在的各项问题,然后逐一拆分解决。其中,景观规划的面积是由政府或管理决策部门划定的,目标的确定受景观功能、对象等影响,如为自然(景观)资源的合理开发利用的规划、为保护生物多样性而进行的自然保护区规划、对景观格局(土地利用)进行的景观结构调整的规划等。

三、资料收集和景观生态调查研究阶段

全面收集规划区域与规划目标相关的自然地理、社会经济和文化背景等资料与数据。有了这些数据才能清楚掌握所要规划区域内的整体情况,如景观的结构、生态潜力、生物种类及分布范围、经济支持状况、文化背景状况等。

除此之外,设计人员和甲方相关人员还要进行实地勘察,在规划区域中现场核实提前收集到的相关资料和数据,从甲方获取已有的技术资料。最后,还要对所有资料进行整理分析,得到需要的结果。

(一)搜集调查资料

景观生态调查根据资料获得的手段方法不同,一般分为历史调查、实地考察、社会调查、遥感调查等类型。通过调查弥补现有资料的缺陷。

1. 自然条件资料搜集与调查

自然条件：主要包括规划设计区的气象、地质、地形地貌、土壤、植被、水文、水质等。

气象资料：雨季、旱季在每年当中的分布数据，最高温、最低温、平均气温、平均体感温度，结冰期、化冰期，风力、风向数据等。

地质资料：包括地质构造、岩石类型、地质灾害等。

地形地貌资料：位置、形状、高度、面积、坡度、坡势走向、地貌特点和基本情况。

土壤：干湿度、酸碱度、土壤成分和成分比例、软硬度、透气性、土壤结构等。

水文水质：区域内相关流域、湖泊等水文资料，现有水面及水系的范围，水底标高，河床情况，常年平均水位，最低及最高水位，水流方向，水质及岸线情况，地下水状况。

植被：现有植被面积、结构、植物种类、古树、大树的种类、数量、分布、高度、覆盖范围、生长情况、姿态及观赏价值的评定等。

2. 社会条件调查

社会条件包括交通、人口、文化教育、基础设施、工农业生产、产业结构、城市历史等。

交通情况：调查设计地所处地理位置与城市能够到达该地的最近的交通距离，游客的数量、来向、会选择的交通工具、交通线路、愿意在路途上花费多少时间、停车场数量等，以此来规划景观附近的交通路线和设施，方便游客观赏。

人口情况：调查区域内户籍人口、暂住人口、流动人口、人口比例、自然增长率、生产人口比例等。

文化教育情况：调查区域内的人口教育水平、学校、学生情况等。

现有基础设施情况：供水、排水设备和线路，通讯、电源情况；建筑物所有权、面积、位置、用途等；体、娱等休闲设施。

工农业生产情况：景观附近的工厂、农田情况，有无污染、有无占地或破坏等。

城市历史文脉：包括区域内的历史文物，如文化古迹种类、历史文献中的遗址等及文化底蕴和居民风俗习惯等。

3. 已有城市规划设计资料的调研

包括上一级和上一规划期的城市总体规划、土地规划、控制性规划、详细规划、各部门的专项规划等。

4. 规划设计条件调查

为满足规划设计需求，需要收集各类现状图、地形图。

（1）城市规划资料图纸包括城市布局现状图和土地利用规划图。比例根据城市大小有 1∶5000—1∶10000，也有 1∶10000—1∶25000。从这两个图中确认预计规划的用地是否符合要求，相关的控制性指标是否满足，最好有详细的控制说明文本。

（2）地形及现状图。包括各种规划测量图和设计、施工测量图。如果没有现成的符合需求的测量图，则要进行现场测量。

进行总体规划所需的测量图：图上显示出规划设计区域原有地形、水系、道路、建筑物、植被等。不同规划设计范围对测量图的要求不同。

规划与设计对现状图的要求不同，规划需要地形图、土地利用现状图和其他专项规划图，而某一景观的设计则需要较详细的现场测量图，便于设计与施工。

（二）现场勘察

现场勘察是十分重要的环节，设计师只有到现场掌握精准的各项数据，才能准确地设计出方案。一是要认真仔细地核查现有的图纸资料，如地类、水文、地质、地形、建筑物、交通道路、植被等自然条件；二是应与周边居民等交流，了解历史、习俗、传统等情况。此外，设计者在考察过程中，还要增加对现场区域的感性认识，并根据周围环境条件，进入艺术构思阶段。根据情况，如面积较大，情况较复杂，有必要的时候，勘察工作要进行多次。勘察内容也因项目不同而不同，规划的范围大，调查的内容更多，可采用抽样调查方法。最后还需要注意，为防止数据过于杂乱不好区分，最好将对应的现场环境拍摄下来，便于设计时参考和对比。

(三)调查资料的分析整理

1. 景观格局与生态过程分析

对景观格局和生态过程的分析是很有必要的,通过分析可以发现规划区内景观生态是否存在问题。

景观格局是指景观要素在空间上的布局。景观生态过程是指景观要素间的相互作用,它根据作用方向可分为垂直过程、水平过程,根据生态种类可分为生物过程和非生物过程。景观格局和生态过程相互影响、彼此联系,共同构成了景观生态学的前提。

分析方法上可采用定量分析法,对景观优势度、多样性、均匀性、破碎化程度、连通性等一系列景观空间格局指标进行衡量,也可用景观格局分析模型或模拟景观格局动态变化的景观模拟模型来分析。通过对各种景观格局的生态过程进行分析,可知人类活动强烈地影响着景观中生态系统的能量流和物质流。人为活动的干扰造成景观格局的变化,影响景观的异质性和稳定性。

2. 景观生态适宜性分析

景观生态的适宜性有多重评判因素,最重要的是要分析它的资源、属性、环境特征、气候特征、资源利用率等。要选择对景观要素的生产力、稳定性和景观多重价值最具影响和控制作用的代表性特征为分析标准,从景观的审美、功能、特点等几方面分析不同景观生态类型的适宜性和限制性。

3. 景观功能区划分

景观不仅有休闲功能,还有教育、锻炼、娱乐等功能。这些功能区要根据景观结构、生态情况、人类需求等方面进行划分。要做到自然、人、社会经济的相协调,达到改善生态环境、促进社会经济发展和人们放松休闲的目的。

四、总体规划设计方案阶段

根据项目任务书,规划项目进入第一阶段即规划大纲的编制阶段,而设计项目则开始进行景观的总体设计工作,即初步设计。规划与设计工作均包括图纸和文本说明。

(一)规划大纲与设计说明书

规划项目的规划大纲包括以下内容:

(1)规划依据、背景。

(2)规划范围与时间尺度。

(3)规划理念、原则和思路。

(4)规划目标、定位。

(5)规划区现状分析与主要指标确定。

(6)规划区功能区划分。

(7)其他专项规划。

由于规划分总体规划、控制性规划、详细性规划和各种专项规划等多种,每一种内容要求各有不同,因此,应按照规划种类和要求编写不同的大纲、图纸及说明。

项目的设计说明书旨在阐述规划设计的方案和理念,它包括以下内容:

(1)景观建设的地理位置、面积、现有情况和规划依据。

(2)景观的定位、性质和宗旨。

(3)各功能分区的布局、面积、比例和内含的景观要素。

(4)水、电、道路系统的设计和景观要素的设计。

(5)绿植的种类选择、组合安排、设计依据。

(6)电气等各种管线说明。

(7)分期建设计划。

(8)其他。

(二)图纸

根据规划的目的和具体原则,选取主导因素(如能够揭示景观内部格局、分布方式、演替倾向等)作为分类指标,对景观类型进行分类。在景观分类的基础上,通过景观生态测绘形成景观生态图。这客观、普遍地反映了规划区内景观生态类型空间分布格局与面积比例的关系。

1. 位置图

在城市总体规划图中找到所要规划的景观区域的位置,标示出来,作一个比例为 1：5000—1：10000 的地形图或测量图。

2. 现状图

现状图是对已经掌握的材料进行整理、归类,然后将它们安排在不同的空间里。图纸比例为 1：500—1：2000,一般用圆形概括这些空间。

3. 功能分区图

根据规划区域内的景观生态状况、总设计的要求和原则,分析城市空间布局与功能分区。在景观项目设计方面,要调查和研究该区域内人类活动的规律、游览者的需求,以此确定各功能区的主题、布局、比例和面积等。注意要配有示意说明,阐述每个区的功能、相互关系等。

4. 总体规划设计图

设计图比例 1：500,1：1000—1：2000。综合表示边界线、保护界限;大门出入口、道路广场、停车场、导游线的组织;功能分区活动内容,种植类型分布;建筑分布;地形、水系、水底标高、水面、工程构筑物、铺装、山石、栏杆、景墙等。规划图比例 1：10000—1：50000,标示出行政界限、交通、功能分区、土地利用等。

5. 道路系统图

规划项目的道路规划图应标明城市主干道、次干道、城市支路及以下道路,规划道路,规划范围等外部衔接道路系统;还要标明景观规划区域内部如出入口、骑行道路、游憩小路、主次道路、广场位置等道路系统,详细地标示出宽度和铺装材料等。

6. 地形设计图

地形设计图纸的比例有 1∶800,也有 1∶500—1∶1000 的规格。主要是对景观规划区域中的地貌结构进行设计和组织。其中,需要定点的有山脉、山谷走向、山体坡度,湖、水池、溪流等位置、大小、造型等。

7. 种植设计图

结合景区所在城市的气候、经济情况、植株来源等条件,确定整体范围内的基调和骨干绿植种类、不同功能区的绿植布局等。需要注意的是,不同种类的树要用不同的图例在图纸上标示,以方便区分。确定景点的位置,开辟透景线,确定景观轴。

8. 给水、排水、用电管线布置图及其他图面材料

如主要建筑物的平、立、剖面图,透视图,管线布置图、全园鸟瞰图、局部透视图等。

(三)建设概算

景观设计项目还要对建设项目的投资进行概算。

概算有两种方式:一种是粗略的估算,即根据以往的经验和图纸的设计内容,按照面积大致预估出所需费用;另一种是按实际的每个工程量和工程项目进行概算,最后将它们汇总在一起,得出成本。

现以工程项目概算为例说明概算的方法。

1. 土建工程项目

土建工程项目属于基础建设项目,其具体内容包括:

附属或服务设施:亭、台、楼、阁、榭、舫、参观大厅、服务处等;

体育、娱乐设施:健身器材、观光车、游船、射击场、旱冰场等;

交通:跑道、栈道、路、桥、缆车线路、广场等;

水、电、通信设备:音响、灯光等线路,排水、进水管,通信覆盖设备等;

山、水工程:喷泉、假山、湖水、水下彩灯等。

公共设施:垃圾桶、椅子、路灯、路牌、栏杆等。

其他:征地用费、挡土墙、管理区改造等。

2. 绿化工程项目

绿化工程项目包括:营造、改造风景林,重点景区、景点绿化,观赏植物引种栽培,观赏经济林工程等。子项目有树木、花灌木、花卉、草地、地被等。

概算表要标明每个项目中绿植的数量、单价和总价。单价包括人工成本、材料成本、机器设备成本和运输成本。小型的园林在概算绿地成本时只用算出各子项目数量、单价,并合计费用即可。但在概算大型的园林绿地时,就要用到两种表格——工程概算表和苗木概算表。前者和小型的园林绿地概算表一样,后者包括苗木费、起苗费和包装费,两者相加即为总工程造价的概算直接费。

绿化概算中还包括施工费,该费用是按绿植数量计算的,包括工时费、材料成本、机器成本和运输成本。

总体设计完成后,由建设单位报有关部门审核批准。

(四)规划方案评价及实施

根据所提出的景观建设目标空间结构,确定规划实施方案,制定详细措施,促使规划方案的全面实施。因为景观生态规划既要考虑景观的自然特性,也要考虑社会经济的发展,所以,对上述通过景观适宜性分析所确定的方案和措施的合理性还需进行进一步评价,以寻求最适宜的景观利用方式。

1. 平面图

规划项目的平面图包括区位图、规划结构图、土地利用规划图、规划功能分区图、交通道路规划图、绿地系统规划图、公共服务与市政设施规划图、景观结构规划图、给水、排水、电力、通讯、燃气规划图等。

设计项目平面图主要包括分区图和详细设计平面图。

2. 横纵剖面图

对主要景观或需要阐明的局部景观设计纵横剖面图,目的是展示其结构、层次、性状,更好地表达设计师的意图。一般该图的比例在1：200—1：500。

3. 局部种植设计图

局部种植设计图的比例为1：500,主要展示的是局部区域的植株设计,包括绿植数量、品种、栽培点、种植类型等。

4. 施工设计阶段

在所有局部设计图的细节都完成后,才可以进行下一阶段——施工。施工图纸有以下要求:

(1)施工设计平面的坐标网及基点、基线。

施工图纸需要清楚地标明施工范围、坐标、基点和基线的位置。需注意,基点和基线位置的确定需要参照当前建筑工地坐标、地形图坐标。坐标网是以基点、基线为中心向水平和垂直方向延伸形成的,网格间隔距离可以根据实际情况调整,如 20 米、50 米等。

(2)地形设计总图。

地形设计总图的内容上文已经说明,这里就不再赘述了。需要注意的是,不同类型或主题的景观规划可根据实际情况增加或减少内容、数量和种类。

(3)水系设计。

平面图应标明水体的平面位置、形状、大小、类型、深浅以及工程设计要求。

纵剖面图要标示出水体驳岸、池底、山石、汀步、堤、岛等工程做法图。

（4）道路、广场设计。

为了在施工中精准地完成道路和广场的修建,就要同时参考平面图和剖面图。平面图是为了标明步行道、骑行道、山路、台阶、广场等位置、宽度每段的高程、纵坡、横坡的数值。剖面图则主要体现的是上述设计内容的节后层和厚度。

（5）景观附属建筑物设计。

要求包括建筑的平面设计、建筑底层平面、建筑各方向的剖面、屋顶平面、必要的大样图、建筑结构图等。

（6）植物配置。

在施工总平面图的基础上,绘出各种植物的具体位置和种类、数量、种植方式,株行距等如何搭配。树冠的尺寸大小应以成年树为标准。种名、数量可在树冠上注明。

（7）假山及景观小品。

在景观规划设计中,主要提出设计意图、高度、体量、造型构思、色彩等内容,以便于与其他行业相配合。

第三章　景观规划设计与生态

　　良好的景观生态状况是景观规划设计的前提,而景观规划的设计影响着生态的可持续发展。景观生态规划已成为实现景观可持续发展的有效途径,并正逐渐成为我国景观生态学研究与发展的特色。

第一节　景观生态规划设计的相关理论

一、生态景观和规划景观之间的关系

　　生态的景观和规划的景观之间的关系集中反映为以下四点:

　　一是规划的景观较生态的景观内涵更为广泛,生态的景观仅仅属于规划的景观中的客观系统层次;

　　二是二者都具有多尺度的特征,研究考察时必须注意尺度的一致性;

　　三是在同一尺度下考察时,二者在空间上往往是不耦合的,规划的景观可能包含多个生态的景观,而生态的景观也可能超出规划的景观范围;

　　四是二者都是不断发展变化的,规划通过调整原有的景观构成并引入新的景观要素而成为二者变化的主要原因之一。

二、景观规划设计与相关学科

(一)建筑学

建筑设计的核心是空间营造,而在景观设计规划中恰恰需要利用空间的营造影响游客的直观感受。所以,设计师一定要具备建筑学的相关知识和理论,这样才能更好地在设计中发挥。

事实上,这两个学科之间是一种相辅相成的关系。人类的社会生活场所就是由一个又一个的建筑构成的,为了符合人类需求,建筑不仅要外形美观,还要有一定的功能性,另外还要和周边环境相兼容、协调。因此,为了满足这种要求,建筑不仅仅局限于室内外空间的营造,也要融入景观设计,要求建筑自身的实用与外在的优美同周围的环境相融合。而在景观设计的过程中,对于各类景观元素的组合和布局,也需要借助建筑设计中处理空间关系的各类手法,诸如空间比例关系、空间的渗透与延伸、空间的引导与示意等。

(二)城市规划

景观规划设计和城市规划相互之间的联系非常紧密。在国外,景观控制很早就是城市规划的组成部分。随着社会的发展,人们的环境意识和景观意识在逐年提升,良好的景观已成为城市规划的主要目的之一。

(三)风景园林学

风景园林学是研究公园绿化空间营造的一项学科,相比城市规划学科而言,它与景观规划的交集要更深。二者密切相关、相互渗透。

风景园林是城市景观规划设计产生和发展的基础。现在风景园林的不断拓展也为景观规划设计提供了新的课题。

(四)地理学

自然地理学研究的重点是自然地理环境;经济地理学主要研究经济

活动空间发展和格局的规律；人文地理学则是以人类社会文化的地理空间规律为研究侧重点。

在景观设计工作之初，我们需要对将要设计规划的场地的自然状况进行全方位的了解，这包括对场地的土地条件以及各项地理因子的详细勘察和系统分析。

（五）生态学

景观设计的宗旨是创造和优化人们的生活环境。随着环境问题成为人们关注的焦点，设计师们的目光早已转向了景观设计中生态学的部分。他们认为，我们需要对各种影响规划设计地段的自然力量进行生态学意义的监测，以此判断怎样的景观设计形式更适合相应的自然条件。

在这样的背景下，麦克哈格的著作《伊恩·麦克哈格——设计遵从自然》以及他创造的以因子分层分析和地图叠加技术为核心的规划方法论"千层饼模式"在景观设计学界产生了巨大的影响。他提倡将景观作为一个生态整体来看，强调土地的适宜性。这不仅拓宽了景观设计学的学科视野，而且景观设计工作的意义也因为涉及整个环境可持续发展问题而变得更为重大。

（六）景观设计与植物学

植物是景观设计四大核心要素（土地、水体、植树、建筑）之一，也是景观要素中最重要的自然要素。它既是环境的构成，又是设计主题的烘托甚至是表现者。在景观植物配置方面，需要掌握生态学、植物学、农学和林学等专业知识。

（七）工程技术学

在景观规划工作中，除了方案设计这一核心步骤以外，后期还需要方案实施与管理的环节。在这个环节中，需要大量工程技术领域的知识来配合。

作为一个合格的设计师要掌握工程技术领域的相关知识，如常规的施工方法、测量方法、工程技术等。运用在园林景观设计中就是要了解各构筑物的结构、场地地质、水电情况、施工材料等。除此之外，还需要了解一定相关专业专项知识以配合后期施工管理,如照明系统、给排水系统、市政管线系统等。

(八)艺术美学

景观的塑造不仅仅表现在空间层面,还包含其内在的美学含义和人文精神。在方案的设计中,一方面,需要渗透地域文化、哲学内涵、历史资源等文化元素,从而提高景观空间的凝聚力和品质;另一方面,景观环境所呈现出来的美感也是通过多元化的美学元素和艺术审美来体现的,例如场地的平面构图、空间的立体构成、色彩的搭配与分布、各类景观元素的装饰纹案、雕塑的造型等,这些都需要有专业的美学知识做基础。

艺术既抽象也具象。艺术思潮经历了古典主义、后现代主义、新现代主义等近千年的发展,设计师和大众的审美观已有明显的变化。景观设计也不例外,它也随着历史的发展诞生出了多种多样的设计理念和风格,并呈现出多元化共存的局面。

第二节　景观规划设计的生态学透视

一、景观的生态学内涵

在景观生态学领域,"景观"是重要的专业术语,是指由若干个生态系统(自然的和人工的)组成的具有空间异质性特征的地理单元,是多个生态系统的空间复合体。

二、景观生态规划概述

(一)景观生态规划的概念

景观生态规划是运用景观生态学原理、生态经济学原理及相关学科的知识和方法,通过对原有的景观要素的优化组合或引入新的成分,调整或构建合理的景观格局,使景观整体功能最优。景观生态规划也被认为是修复退化景观的一种行为。

景观生态规划的尺度有生态系统—景观—区域—大陆—全球系统。由于人类和生物的生存对小尺度的景观单元依赖更强,因此景观生态规划多集中于景观尺度和区域尺度。

(二)景观生态规划的任务

景观生态规划的任务有:为人类提供适宜的居住环境,间接保护人体健康;合理利用水、土地、矿产等资源,避免浪费,最大限度地发挥其经济价值;使该自然环境尽可能维持原貌,尊重其生态系统中生物的多样性和完整性。这与当前强调的可持续发展是相一致的。

三、景观生态规划与景观生态设计的关系

景观生态规划与设计是景观生态建设的核心内容,属于景观生态学的应用研究范畴。

景观生态规划是一个宏观布局的行为,通过优化原有景观要素的组合,重构或引入新的组件,从而构建出一个新的景观格局,使整体性能得到提升。景观生态设计是从微观上、更多的是从局地景观单元和景观类型单元上按生态技术配置景观要素,着眼的范围较小,如小区公园、城市广场、各类湿地、廊道和休闲地等。①

第三节　景观中的生态过程

从系统论的角度看,景观是一个开放系统。在不断与外界进行物质与能量交换的过程中,系统内发生的物理过程、化学过程和生物过程使景

---

① 刘惠清,许嘉巍.景观生态学[M].长春:东北师范大学出版社,2008.

观在一定的时空尺度内保持相对的稳定性,也萌生着永恒的变化。了解景观生态过程及其产生机理,就为探求景观的稳定与变化找到了一把钥匙。

一、能量转化过程

(一)景观的能量基础

景观中的一切过程都必须以能量为动力,景观的能量来源从宏观上看,除太阳能外,还有地球内能、潮汐能。太阳能是景观中一切过程的能量源泉,也是景观地带性分异的动因;地球内能使地表有了海洋和陆地、高山和低地等非地带性的景观差异;潮汐能则是地球、太阳和月球之间的引潮力,产生潮涨潮落的局部变化,是景观局地分异的动因之一。[①]

(二)能量在景观中的转化

1. 太阳能

(1)太阳能在景观中的转化

太阳辐射是景观中强度最大的直接能量,它是导致大气变化的最主要动力,也是加热大气的唯一热源。如地球高低纬度获得的太阳能不均或净辐射不同,使得高低纬大气产生气团温度差,于是就出现了大气纬向运动。处于大气层顶的"太空舱"每分钟每平方厘米大约接收 8.37 焦耳的太阳辐射能($1370W/m^2 \cdot min$)。几乎所有的短波辐射(包括 γ 和紫外线)都可被位于大气圈中的臭氧层和氧分子层吸收,大部分太阳能直接穿过大气圈进入景观表面。这部分太阳能为可见光

---

① 李士青,张祥永,于鲸. 生态视角下景观规划设计研究[M]. 青岛:中国海洋大学出版社,2019.

或彩虹颜色,即蓝色/红色,这也是景观圈内植物进行光合作用的可利用光能。①

此外,地表有植被覆盖和无植被覆盖的景观对太阳能的转化途径是不同的。

(2)太阳能在景观中的作用

①景观协调性的能量基础。

太阳能是景观中物质循环的主要驱动力。景观中的所有自然过程,都与太阳能的多少有重要关系,如大气环流、地表环流、绿色植物生长过程(图 3-1)、土壤形成过程和地貌形成过程等。

图 3-1　植物生长过程

如热带,地面获得的辐射净值高(大于 75 千卡),用于增温的热量就多。由于大气增温效果明显,气温高,终年长夏,所以植物全年都能正常地进行光合作用,物种丰富,生物量相对高,食物链也相对复杂。为了适应高温的气候,热带植物的叶面面积普遍宽大,以利于散热(图 3-2)。为了对抗强对流的天气,植物的根系发达,多板状根、气生根。

① 刘惠清,许嘉巍. 景观生态学[M]. 长春:东北师范大学出版社,2008.

图 3-2　热带植物

　　苔原带(图 3-3)和极地展现的是另一种景观过程。由于获得的太阳辐射净值低,气温低,全年气候寒冷,蒸发量小,相对湿度大,只有苔藓、地衣等低等植物可以生存。植物矮小、紧贴地面匍匐生长的常绿植物在春季可以很快地进行光合作用。景观特征是物种极其贫乏,食物链十分简单。

图 3-3　北极圈的苔原景观

②太阳能决定景观的自然生产潜力。

我们都知道,太阳能促进植物进行光合作用,直接影响着植物的最终产量。也就是说土壤在单位面积内产生的光合产物是由该土壤范围内太阳总辐射量的多少决定的。

在其他条件不变的情况下,一地输入的太阳能多少,决定着该地自然生产力的上限。因此,为了提高生产力,就必须采取有效的措施克制妨碍自然生产潜力发挥的各项因素。

③太阳能产生不同的景观地带。

景观地带周期律在景观表层出现,主要由太阳能在地表分布决定。掌握这一规律,只要知道某地的辐射净值,就可以确定其属于哪一热量带;知道其辐射干燥指数,便可知其所在地的景观类型。

2. 地球内能与地貌格局

地球内部的聚变反应主要发生在地幔对流层以下。起主导作用的是岩石中所含的铀、钍等放射性元素在衰变过程中产生的热能。测得的热通量与太阳能相比极其微小。其绝对值不足地表吸收总能量的 0.0002%。

地球内能产生的作用力主要表现为地壳运动、岩浆活动与地震。地球内能量占地表能量总收入的很小部分,却决定了地表形态的基本格局。大陆与大洋两个不同的景观型就是构造运动的差异造成的。在中观尺度,呈上升运动的水平构造是形成桌状山、方山与丹霞地貌(图 3-4)的前提;单斜构造是形成单面山、猪背山必不可少的基础;褶曲构造可形成背斜山与向斜谷、穹状山与坳陷盆地;断层构造可形成断层崖、断层三角面、断层谷等众多地貌类型;火山活动则可形成火山锥(图 3-5)、火山口、熔岩高原等地貌。当地壳处于活动期时,地貌营力以内力为主,地表高低起伏变化明显;当地壳处平静期时,地貌营力以外力为主,地表趋准平原化。地壳处不同营力期,对景观的形成与发展有着决定性的影响。

图 3-4　丹霞地貌

图 3-5　火山锥

3. 潮汐能

引潮力与天体有关,是由两个力构成的,一个是太阳、月亮和地球的相互吸引力,一个是地球绕太阳或月亮绕地球公转时产生的离心力。引潮力会作用于景观中,影响其形状,我们熟知的海洋潮汐就是如此。①

---

① 李士青,张祥永,于鲸.生态视角下景观规划设计研究[M].青岛:中国海洋大学出版社,2019.

二、物质迁移过程

物质的迁移过程包括土壤侵蚀和堆积、水流、气流、冰川、泥石流、滑坡、火山熔岩和凋落物流等方面。

(一)岩石的地质大循环过程

地表岩石的地质大循环过程主要表现为海底扩张、造山运动、大陆漂移、板块运动及三大类岩石的转化。这种大循环从其发生过程看分为幼年期、壮年期和晚年期,在地貌特征上主要表现为高原、山地、丘陵和平原的形成与转化,最后在地球内力的作用下将平原抬升为高原而进入下一轮地质大循环。[①]

(二)水循环过程

垂直方向上的水循环是水及其中的元素宏观尺度上的循环。其迁移、转化路径为:地表的水在太阳能和重力能的作用下,不断地从一种聚集状态(气态、液态、固态)转变为另一种状态,从一种赋存形式(自由水、结晶水、薄膜水和吸附水)转变为另外一种形式,从一个圈层(水圈、气圈、岩石圈和生物圈)转移到另一个圈层,从而形成复杂的迁移过程(图3-6)。

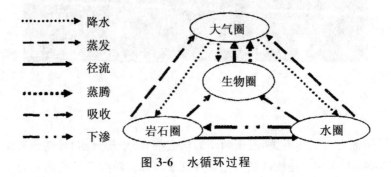

降水
蒸发
径流
蒸腾
吸收
下渗

大气圈
生物圈
岩石圈
水圈

图3-6　水循环过程

---

① 刘惠清,许嘉巍. 自然地理过程[M]. 长春:东北师范大学出版社,2005.

　　景观中的水受到太阳热力的作用发生形态变化,蒸发作用使液态水变为水蒸气,从水圈、岩石圈、生物圈进入大气圈。水蒸气在大气圈中随大气环流而运动。赋予每一单位体积水分以它上升高度相应的势能和太阳辐射能将水抬升到一定高度而做的功,均表现为能量的转化。首先要供给水分蒸发时的潜能,然后产生大气的运动,当冷凝时潜热归还给大气,与用于蒸发时的能量相互抵消,再以降水、雾凇和雪、冰雹的形式从高空重返水圈、岩石圈、生物圈(图3-7)。

图 3-7　水循环过程

　　水是影响大气过程与生物过程的一个基本要素。在地球表面,气—液(水)—固三相中,水相正处于中间位置,起着承上启下的重要作用。元素的空气迁移过程和生物迁移过程都与水有密切关系。由于水表层光热条件适宜,营养丰富,微生物的种类和数量也较中层多,因此,界面表层水是各种元素与化学物质进行物理化学迁移与生物迁移的主要场所。[1]

　　在全球的物质循环过程中,作为溶剂与载体的水,是地表化学元素迁移的一种主要动力。水迁移的量至少比大气迁移高一个数量级,但由于受水流条件的限制,与大气迁移相比,水迁移的范围没有大气尺度大。

———————

① 刘惠清,许嘉巍. 景观生态学[M]. 长春:东北师范大学出版社,2008.

(三)生物小循环过程

垂直方向上的生物小循环主要发生在生物圈、岩石圈、水圈和土壤圈中,但也有部分微生物的循环仅在大气圈中。各圈层之间的生物小循环过程主要完成的是 C、N、P、S 的生物循环和一些微量元素全球尺度的循环。这些元素的生物迁移过程与生物生命过程的形成与分解是密切相关的,只是方向与强度在不同的景观可能完全不同。

垂直方向上的生物小循环主要表现为,植物通过根系从风化壳或土壤深处汲取各种元素至体内,待植物枯死后,再返回原地的土壤表层。如此反复,风化壳下部的亲生性元素逐渐向风化壳表层移动,使风化壳内的化学元素在垂直方向上发生分异。

(四)大气循环过程

现代大气对流层中 N_2、O_2、Ar 等含量基本上是恒定的,CO_2、水汽等的含量虽然有一定的变化,但是变化幅度也不大。这表明大气的气体成分和水汽在大气环流和生物等因素的共同作用下基本保持动态平衡。垂直方向上的大气迁移过程中可细分为 C、N、O 等元素的迁移过程。

三、生物迁移过程

动物在景观内的运动有三种方式:巢域内的运动、疏散运动和迁徙运动。

动物的巢域是指它们的窝或巢穴周围,借以用作取食和进行日常活动的区域。疏散是指某种动物个体从其出生地向新的巢域的单向运动。迁徙是动物在不同季节、与相隔地区间进行的周期性往返运动。迁徙物种巧妙地利用有利因素而避开不利环境条件,进行种群的繁衍。①

---

① 郭泺,薛达元,杜世宏. 景观生态空间格局规划与评价[M]. 北京:中国环境科学出版社,2009.

迁徙分两种类型。第一，水平迁徙，亦称为纬度迁徙（latitudinal migration）。在迁徙过程中，该物种要跨越数个景观地带。第二，属垂直迁徙，即动物种群在山地高海拔地区和平原低海拔地区间的迁徙。（图 3-8）

图 3-8　角马迁徙

动物在景观间有两种运动形式，一是连续运动，即是说动物在景观内的运动可以增加或减少速度，但一直在持续进行；另一种称为间歇运动，动物在景观间的运动要停留或几次，才能最后到达目的地。相比之下间歇运动的动物对景观的破坏较大。

植物靠其繁殖体，如种子、果实、孢子等，在风、水流或动物等媒介物的作用下发生移动，在新的生境进行再繁殖，称为植物的迁移。（图 3-9）各种植物的繁殖体对媒介的传播机制有各自的适应性。这种适应性取决于繁殖体自身重量的大小、体积、有无特殊的构造。

人们将繁殖体和相应的植物分为风播型、水播型、重力传播型、弹力传播。按植物迁移的距离又可分为长距离迁移、短距离传播。

图 3-9　植物种子传播

四、景观破碎化过程

(一)破碎化动态过程

破碎化是一个连续过程,是逐步发生的。景观内的基质和斑块在破碎化过程中逐步发生改变。人类的干扰强度与景观的破碎化关系密切。人类为了自身的需要总要改变自然景观。有些活动是建设性的,有些是破坏性的。人类活动的时间长短和强度影响景观的破碎化过程。

破碎化是一种动态过程。人与自然干扰造成了景观的破碎化,植被的恢复遮掩或减轻了破碎化,某些物种的定植也能减少破碎化的影响。

(二)尺度与破碎化

破碎化是一种与尺度相关的过程。不同尺度下所描述的景观破碎化不尽相同。有些类型在大尺度(小比例尺)下仅能作为一种景观要素出现,可辨识性低,造成景观的破碎化程度降低,而在小尺度下(大比例尺),可辨识性提高,景观的破碎化程度提高。破碎化在每个尺度上出现并呈现连续性。某景观在一个尺度上可看作破碎化,在另一尺度上却是均质的。为使我们研究的不同地区的景观破碎化具可对比性,一般要求在同一图形比例尺下,采用多种指数综合分析。

破碎化有不同的类型。当一块完整地区被分割成较小的、完整的部分,形成与粗粒景观相似的景观,我们称之为"地理破碎化";景观分成细小的碎块,当地植被残余嵌入外来的基质中,这种破碎被认为是"结构破碎化",它类似细粒景观(表3-1)。细粒破碎通常表示斑块间彼此靠拢,斑块与基质间的对比度也小,形成伪连续。

表3-1　不同尺度的生境扩散与不同性质碎块和破碎景观的关系

项目	地理破碎化	结构破碎化
大小/m²	大于1000	小于10
孤立度	通常是中等到大的	通常较小
边界梯度	陡峭	平缓
外部干扰的影响	限于边界,达数百米	贯穿
功能断开的敏感性	中等到小的	中等到大的
受影响的生物的尺度	大到普通、小到中等的特殊物种	中等到小的特殊物种
保护的益处	通常有完整的内核	通常大于总的延伸

破碎化的尺度对生物有直接的影响。大的碎块能为物种提供更好的聚集条件,保存更多的物种,包括一些特殊种。大的碎块出现的概率小,一些特殊种经常消失。[1]

(三)景观破碎化过程的相

用按几何形状表达景观的破碎化过程可分成6个相(phase):穿凿(perforation)、切入(incise)、分割(dissection)、破碎(fragmentation)、收

---

[1]　郭泺,薛达元,杜世宏.景观生态空间格局 规划与评价[M].北京:中国环境科学出版社,2009.

缩(shrinkage)和磨蚀(attrition)。在实际的景观变化过程中,各相很难明显地区分开来。因为各相往往是同时发生的,但经常可辨识出其中主要的相。(图 3-10)

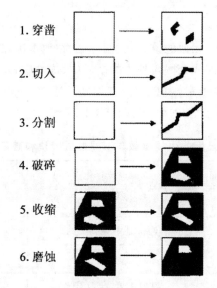

1. 穿凿

2. 切入

3. 分割

4. 破碎

5. 收缩

6. 磨蚀

图 3-10　用几何特征表达的破碎过程的相

　　研究景观破碎化的"相"及其量度,对探讨人类干扰景观的优化有重要意义。只有了解景观破碎化过程的发展阶段,适当地调整景观格局,在景观内部实现资源多样化,才能在最大的时空尺度上满足生物多样性的要求。[①]

(四)破碎化对物种多样化的影响

　　破碎化对生物的影响主要取决于特殊种(specialist)对破碎化的认知程度。不同的物种以不同的方式认知景观的破碎化。即便是同一物种在不同的季节对破碎化的认知也不相同。

　　某些物种对生境的大小极为敏感,称为面积敏感型物种。热带雨林的生物对破碎化颇为敏感。距离作用、碎块大小、边缘作用对生物栖息有很大影响。对某些敏感种来说,生境的丧失比阔叶林的实际减少更为

　　① 赵羿,李月辉.实用景观生态学[M].北京:科学出版社,2001.

重要。这意味着敏感物种生境不仅需要一定的面积,而且对周围环境有一定的要求。芦苇生境的破碎化不仅受斑块大小,还受光平均照射直径的制约,对昆虫和鸟类有深远的影响。

五、景观生态流与空间再分配原理

在景观各空间组分之间流动的物质、能量、物种和信息称为景观生态流。景观生态流的动态过程可以表现为聚集与扩散两种趋势。

景观要素间的相互作用有时表现并不十分明显,但信息传播的重要性在景观中的作用往往相当显著,如生产方式对景观的改造作用就属于间接作用,如技术进步及景观伦理学的思想,往往能根本改变景观的面貌。

景观要素间相互作用的差异是导致景观要素间相互作用复杂性的另一重要内容。各种相互作用同时发生,最终的结果不是各部分的总和,而是存在某种程度的乘积效应(multiplicative effect,synergism)。

六、景观生态过程分析

(一)景观生态过程分析与模拟

由于过程与格局之间的对应关系,格局的形成依赖于特定的生态过程,格局的研究依赖于对过程的分析和模拟。传统的景观过程采用实验室环境模拟来实现,现代的景观生态过程可以通过计算机模拟来实现,因此景观模型和计算机模拟成为景观规划设计的重要发展趋势。

(二)规划学科常用的图谱对照与动态分析

在传统景观过程调查与分析中,是将同一景观在不同时期的地图进行纵向对比,通过不同时期景观格局的叠加,获得景观格局的变化状况,并通过变化分析,从而得到景观过程及其未来发展的总体趋势。

第四节 国内外景观生态规划的发展

由于环境的变化,景观规划设计很快与景观生态相结合,使景观规划更多地具备理论支持和科学的成分,成为设计行业中不可替代的一员。

一、中国古典园林景观

中国古典园林独具风格,被誉为世界园林之母,对世界景观学的发展产生了重大影响。因此,我们学习景观规划设计,必须了解中国古典园林的发展历史和优秀的造园艺术,这样才能在继承的基础上创新和发展。

(一)发展概况

中国园林已有数千年历史,它经历了从粗放的自然风景苑囿到现代自然与人文相结合的城市园林绿地这样一个漫长的过程。中国园林自夏商周时期至今,主要经历了以下六个发展阶段。

1. 早期:商周及春秋战国时期的苑囿

所谓"苑",是为帝王营造于都城郊外的园,也就是选择一块山林地,在里面放养一些野兽供帝王行猎作乐。"囿"为圈养动物的园子,在囿中饲养各种禽兽、鱼类,挖池沼、筑高台,并在台上建筑宫室以供帝王享用。

2. 形成期:秦汉时期的建筑宫苑

秦汉时期,在囿的基础上发展出了一种宫室园林式的"建筑宫苑",具备风景式园林的特点。

上林苑:秦始皇三十五年(前212),在渭水之南的上林苑营造新宫,这就是历史上有名的阿房宫。在上林苑中建立宏大的宫廷,将建筑、山水、植物组合成居住游乐的场所,从而形成了以建筑宫苑为特征的园林景观。

建章宫:汉武帝时,大兴宫殿建筑,建有12处宫苑,以建章宫为首。建章宫中有名花异草和奇兽。建章宫北侧筑太瀛池,池中筑蓬莱、方丈、瀛洲三岛,称为海上仙山。这种处理手法,开创了我国造园史上"一池三山"的人工山水布局先河,为后世所效仿。汉代是继秦以后我国造园发展的一个重要阶段,奠定了我国传统造园的基础,影响深远。

3. 转折期:魏晋南北朝时期的自然山水园和寺庙丛林

自然山水园:皇室仍然大兴土木营建宫室。至南北朝时,社会暂时稳定,文人士大夫也开始在自己的住屋周围经营具有自然山水之美的小环境,并逐步影响到宫室的建筑格局。

寺庙丛林:佛教在魏晋时传入中国,南北朝时期达到极盛,北魏甚至尊佛教为国教。寺观园林由于具有群众性和开放性特点,园林功能较为单纯,建筑物密度较小,山水花木分量较重。寺庙丛林的兴起,促进了我国对名山大川的开发。如西湖(图3-11)、峨眉山、黄山、泰山、南岳、九华山、五台山等。

图3-11　西湖

4. 发展期：隋唐写意山水园

隋唐时代，皇家园林趋于华丽精美。隋代的西苑和唐代的禁苑都是山水构架巧妙、建筑结构精美、动植物种类繁多的皇家园林。

此阶段为中国山水园林的全面发展期，强调写意的特点，富于诗情画意。此类园林在掇山、理水、植物配置等造园手法上都非常考究，开始形成如下特点：

（1）以大的湖面为园林中心，湖中有山。

（2）湖北面有曲折的水池环绕。

（3）南面为景区。

5. 成熟期：宋朝

到了宋朝，由于经济的进一步发展，造园更加普遍。上至王公贵族，下至黎民百姓，造园的地区和规模都得到扩大。最为典型的就是宋代的东京艮岳，它突破了"一池三山"的造园传统，将诗情画意引入园林，假山的用材和施工达到很高的水平。

这一时期的园林形式有如下特点：

（1）追求自然，善于抒情表意。

（2）手法自然灵活，善于叠山理水。

（3）从整体布局出发，巧于因景设点。

6. 繁荣期：明清皇家山水宫苑及江南私家园林

明清时代，皇家园林趋于成熟，达到造园的最高水平。

（1）皇家山水宫苑

明清时期帝王长期在北京定都，除在元大都的基础上进一步改进与扩建之外，还在郊区兴建了规模宏大的离宫型园林。北京西北郊风景区有著名的香山、玉泉山（图 3-12）、万寿山清漪园，以及北京周围的承德避暑山庄、滦阳行宫等。这些皇家园林规模宏大，充分利用原有自然山水的特点和条件，沿袭前代的传统手法和当时的南方私家园林的传统经验，把园林艺术与技术推向新的空前的高度。①

---

① 李振煜，杨圆圆．高等院校设计学精品课程规划教材 景观规划设计［M］．南京：江苏美术出版社，2018.

图 3-12　玉泉山

（2）江南私家园林

就全国而言，私家园林（图 3-13）最发达的地区集中在中国的南方，因为这一地区具有造园的自然环境（江浙一带多产石料，江流纵横、气候温和、空气湿度大）、经济条件（江浙一带手工业发达，盛产丝绸，经济繁荣）和人文氛围（江南自古文风盛行，南宋时盛行文人画和山水诗，宋朝大批富商、官吏涌至杭州，造园盛极一时）。

图 3-13　江南园林

其造园特点有：

①"小中见大"的布局上采取灵活多变的手法。

②调意境和诗情画意,善于仿造自然山水的形象。

③园林建筑轻巧灵秀,朴实清雅。

④物配置以干木为主,古树、竹丛、芭蕉、梅等为辅,营造出"桃红柳绿喜迎春,红枫临深秋,冬雪压松柏"的景观,以求得四季常青和色彩上的变化。

(二)中国古典园林的主要特点

中国古典园林通过对自然景观的抽象、提炼和概括,最终再现自然的神韵,它不是单纯地模拟自然山水景观。

其特点如下：

(1)具有东方传统园林的风格。

(2)富于诗情画意。

(3)具有地方风格。

二、外国园林景观简况

(一)日本传统园林

6—11世纪的日本奈良时代和平安时代,中国园林模式及唐代文化被带到日本。奈良时代的造园分为皇室宫苑与贵族宅院两种类型,其造园的形式、风格甚至园林游赏内容都以模仿唐朝为特色。形式以宅院形式的寝殿式庭园和作为佛寺的净土庭园为主,热衷于曲水建制,代表作有平等院凤凰堂和金阁寺。平安时代逐步形成了具有日本民族特色的园林形式,庭园整体的布局形式大多以水池为中心,亦称池泉式。引水造溪流的手法是这种形式园林的最大特征。

12—14世纪,日本造园艺术经历了镰仓时代和室町时代。该阶段中日文化交流活跃,随着宋朝禅宗思想传入日本,日本园林从此走向宗教神宗式园林,开始向抽象化方向发展。多以朴素实用的宅院为主要形式,在寺院改造和新建的过程中,产生了以早期经典之作京都西芳寺为代表的新的庭园景观形式枯山水,并且在室町时代得到了广泛的应用与发展。

16—19世纪,日本园林的发展逐步进入黄金时代,其民族文化特色和风格更加突出,如桃山时代盛行的书院式庭园(图3-14)和茶庭等形式,江户时代的洄游式庭园。该阶段儒家思想逐渐取代了禅宗,园林布局更加强调分区功能,突出不同区域自然风景的不同性格和特点。

图3-14　日本传统书院式庭院

(二)古埃及园林

古埃及园林的主要特点通过古埃及的私园、神庙(图3-15)和陵园三种形式来体现。

古埃及园林总体上有统一的构图,采用严整对称的布局形式。园地呈方形或矩形,显得十分紧凑。周围有高墙,能够隔热也是屏障;园内有墙体和树木分隔空间,形成若干独立的各具特色的小园。这些小园互相渗透和联系,既能提供隐蔽性和亲切性,也能为家庭成员提供各自所需的空间。大门和住宅之间是笔直的甬道,形成明显的中轴线。

图 3-15　埃及卢克索卡尔纳克神庙

(三)欧洲传统园林景观

在狩猎时代,原始人主要通过狩猎和采集而生活,人对外界自然支配能力极其有限。这一时期人对自然存有敬畏恐惧之心,将自然现象与事物神化,人与自然之间属亲和关系,不存在也没有必要有园林景观的出现。直到后期进入原始农业时期,居住聚落附近出现种植场,房前屋后有果木蔬菜园,园林有了雏形,园林景观开始萌芽。

欧洲传统园林景观主要经历了以下几个发展阶段。

1. 别墅园林(古罗马时期)

古罗马继承古希腊传统发展了山庄园林,在文艺复兴时期又发展出别墅园林,或称意大利台地园。为了夏季避暑,庄园别墅多依山而建。在山上既可眺望远景,又可尽收园内美景,视野开阔。(图 3-16)

从功能上看,罗马人将花园视作府邸和住宅的自然延续,是户外的厅堂。整体布局规整,呈阶梯式上升,一切体现的都是人工的美。一般只在花园的边缘地带保留原始自然风貌。园林以实用为主要目的,包括果园、菜园和种植香料调料的园地,后期学习和发展古希腊园林艺术,逐渐加强园林的观赏性、装饰性和娱乐性。[①]

图 3-16　古罗马遗址景区

2. 宗教园林（中世纪）

公元 476—1453 年，欧洲进入了近一千年的中世纪。

欧洲农业时期，存在着奴隶制度和封建制度，由于少数人占有多数人的劳动，使这部分少数人休闲娱乐成为可能。娱乐成为园林空间繁盛的开始。意大利的台地园林，巧妙地利用地形，形成高低层次台地，修剪整齐的花坛沿中轴线对称分开，强调的是对称性，瀑布或水景通常放在轴线的一侧。法国古典园林也是沿轴线对称布局，花坛修剪整林也是沿轴线对称布局，花坛修剪整齐，园内有雕塑、喷泉、花坛、横向水渠和水池。园林规模大，有主有次，明快、典雅、庄重。园林和建筑连成一体，园林成为建筑的延伸和扩大，采用统一的手法，既规则又富于层次变化。

3. 庄园（15 世纪初叶）

15 世纪初叶，随着文艺复兴运动的兴起，欧洲园林进入了一个空前

---

① 李振煜，杨圆圆．高等院校设计学精品课程规划教材 景观规划设计[M]．南京：江苏美术出版社，2018.

繁荣发展的阶段,大规模的园林庄园在意大利源源不断地涌现。就庄园的建筑而言,大致分为三种:

(1)位于高处,豪华的庄园主住所,但并非一般人认为的城堡。

(2)简陋的农民茅舍。

(3)公共设施,包括教堂、水磨坊(庄园主所有)和手工业者的库房。

4．花园(16 世纪)

16 世纪中叶后,法国园林风格焕然一新。府邸不再是平面不规则的封闭堡垒,而是将主楼、两厢和门楼围在方形内院布置,主次分明,中轴对称。

5．现代公园(17 世纪—18 世纪末)

工业革命后的园林呈现四种情形:除了私家园林外,出现了由政府出资兴建的公共园林;园林已经摆脱了私有的局限性,从封闭的内向型转向开放型;园林不仅获得了视觉的景观之美和精神陶冶,同时兼顾生态环境的质量;园林景观设计都由专门的职业设计师主持。

(1)法国规则式园林

17 世纪,法国继承和发展了意大利的造园艺术,创造出法国规则式园林。其造园特点有:

①将意大利文艺复兴庄园的一些要素(如植物、喷水、瀑布等)以一种新的更开朗、华丽和对称的方式进行重新组合。同时,结合本国特点,创作出开放、对称的几何形格局。[①]

②园林有着非常严谨的几何秩序,均衡和谐,统一中富有变化,显得非常壮观。勒·诺特的代表作品有沃·勒·维贡特府邸花园(Le Jardin du Chateau de Vaux-le-Vicomte)、凡尔赛花园和苏艾克斯。

(2)英中式园林(感伤主义园林)

18 世纪中下叶,规则式园林开始受到批评,主要原因是这种方式对自然环境持漠视态度。英国率先恢复传统的草地、树丛,从而发展起了自然风景区。园林中配置了一些景观小品,如中国的亭、塔、桥、假山等,

---

① 李振煜,杨圆圆. 高等院校设计学精品课程规划教材 景观规划设计[M]. 南京:江苏美术出版社,2018.

人们将这种园林称为感伤主义园林或英中式园林。

1898年，英国人霍华德在他的《明日之田园城市》一书中提出了"田园城市"的设想，在规划界被认为是人类规划活动的开始，是规划的里程碑。田园城市的设想，是在一个大约3万人的社区，四周环以开阔的乡村"绿色地带"，绿带可以阻止城市的向外蔓延，也可成为宜人居住的工作环境。

（3）城市公园

18世纪中叶后，中产阶级兴起，英国的部分皇家园林（图3-17）开始对公众开放。随即法国、德国和其他国家群相效仿，开始建造一些开放的、为大众服务的城市公园。

图3-17　英国白金汉宫

从19世纪发展至今，城市公园已经成为城市环境中极为重要的公共开放空间，同时也承载着城市赖以呼吸的"绿肺"功能，其生态价值及美学价值是衡量一个城市发展建设水平的重要指标。城市公园不仅仅是改善生态环境的重要载体，而且对于城市局部小气候的改造以及城市各类污染如粉尘、尾气等的抑制均起到很大作用，是城市宜居建设进程中的核心要素。

6. 混合式园林(19 世纪)

整个 19 世纪,欧洲园林尽管在内容上已经产生了翻天覆地的变化,但是在形式上并没有创造出一种新的风格,正如绘画、雕塑、建筑等其他艺术领域在此时期所经历的类似徘徊一样。

景观设计师植物知识的扩展和植物材料的日益丰富,为设计不同主题的小庭院提供了丰富的素材,这些庭院更多地体现了造园者和园林主人在园艺上的兴趣。

第四章 生态理念下的森林与自然保护区景观规划设计

当今,全球生态问题频发,许多国家都出现了较为严重的生态危机。生态系统的退化和生物物种的锐减是威胁人类可持续发展的重要原因,因此,森林和自然保护区的景观规划就显得尤为重要。它们的建立是生态保护的最重要途径之一,是保护珍稀濒危物种及各种典型生态系统的重要手段。

第一节 生态视角下的森林景观规划设计

森林景观生态规划是以景观为中心,对跨尺度景观和景观结构要素进行空间配置的景观尺度经营规划和实践活动。解决景观尺度的结构调整和景观管理问题,需要从森林生态系统层面入手,在景观层面进行统筹决策,采取相应的技术措施和手段进行管理,同时满足区域森林产品功能、服务功能、文化价值要求。①

一、生态视角下森林景观规划设计的任务

森林景观生态规划是对林区景观进行的系统诊断、多目标决策、多方案选优、效果评价和反馈修订的过程,是一项系统工程。遵循系统工

---

① 李士青,张祥永,于鲸. 生态视角下景观规划设计研究[M]. 青岛:中国海洋大学出版社,2019.

程的一般程序,林区景观生态规划可以概括为六个方面的任务:

(1)分析森林景观组成结构和空间格局现状。

(2)发现制约森林景观稳定性、生产力和可持续性的主要因素。

(3)确定森林景观最佳组成结构。

(4)确定森林景观空间结构和森林景观理想格局。

(5)优化森林景观结构和空间格局进行调整、恢复、建设、管理的技术措施。

(6)提出实现森林景观管理和建设目标的资金、政策和其他外部环境保障措施。

二、河岸森林景观和流域的生态安全

河岸森林景观是林区一类特殊的森林景观,由于所处位置特殊,在景观生态过程中的生态学意义重大,对流域生态安全的作用突出,近年来受到景观生态研究和规划工作者的普遍重视。(图 4-1)

图 4-1 河岸森林景观

(一)河岸森林景观对于河流的作用

河流创造了一种特殊生境,使河岸森林成为一种特殊的类型。河岸水分充足,植被能吸收地下水层的水分。其次,河岸地带空气较湿润,土壤养分较高,甚至成为生产力最高的林地。由于大的河流经常泛滥成灾,河岸森林通常具有一定的耐淹能力。河岸森林有的地方宽,有的地方窄,从上游到下游的变化极端明显,从某种意义上代表着一种湿生演替系列。

1. 维持景观的稳定性和保持水土

河岸森林对于维持山坡本身和河谷地貌的稳定性有重大关系。山地与河流之间的物质移动、搬迁和堆积可能有多种形式,其中以水力作用为主的侵蚀和以重力为主的滑坡、崩塌、土溜是主要的方式,而这一切都取决于植被对土壤的保持作用。一旦森林遭到破坏,水土流失加剧,河岸侵蚀加强,从而使河流变得不稳定,影响下游平原水库和水利设施的安全。[①]

2. 维持河流生物的能量和生存环境

河岸森林的枝叶和其他残体为溪流中各种无脊椎动物提供食物和庇护,从细菌到鱼类,甚至到水獭,大多数溪流有机体都是依赖河岸森林输入的能量而生存。河岸森林的倒木和枝叶,可造成许多水塘,形成生境的多样性。河岸森林的林冠层具有较强的庇荫作用,可防止水体过热。河岸森林对溶解性的矿物质和固体颗粒进入河流有过滤和调节作用。

3. 维持河流良好的水文状况和水质

河岸森林具有调节河水流量的功能。随着一个地区的开发和森林的减少,森林调节河水总流量的能力降低,表现在该地区河流洪水期流量增加,枯水期流量减少。河岸森林可使河水保持良好的水质,主要表现在河水中泥沙含量低,河水中的营养物质处于低水平状态。

---

① 周志祥. 景观生态学基础[M]. 北京:中国农业出版社,2007.

（二）流域景观生态规划

流域景观生态规划是充分发挥河岸森林对河流的作用，确保流域生态安全的重要途径。流域景观生态规划是根据景观生态学原理，对流域景观要素进行优化组合或引进新的成分，调整或构造新的流域景观格局，如调整农业种植结构、营造防护林、修建水保工程、山水林田路统一安排、改土治水、防污综合治理等，以提高流域的人口承载力，维护生态环境，从而促进流域人口—资源—环境的持续协调发展。

三、生态视角下的森林公园规划

随着森林公园建设在保护自然资源和生物多样性、调整林业产业结构、促进林区脱贫致富等方面所起到的作用逐渐被人们认同。从20世纪90年代开始，我国森林公园建设得到快速发展。我国地域辽阔，地形地貌复杂，不同的气候地貌和水资源组合条件，孕育了极为丰富的森林生态景观系统和动植物资源类型。在城市边缘建立森林公园，因面积大、森林的群落与结构相对复杂、郁闭度高，对调节市区气候、改善城市绿地生态环境更为显著，还可组织居民开展游憩活动，促进旅游文化产业发展，提高人们对自然的理解和认识，进行科普教育等。

（一）森林公园的类型划分

森林公园的景观生态规划首先应确定森林公园的功能类型，明确森林公园的性质和发展方向。我国的森林公园分为七种功能型。

1. 游览观光型森林公园

游览观光型森林公园的自然景观、森林景观和人文景观均有特色。如江苏常熟虞山、连云港云台山（图4-2）和贵州锦屏等森林公园。

图 4-2 云台山

2. 文体娱乐型森林公园

文体娱乐型森林公园交通方便,客源丰富,并具备建设活动场地的条件。如无锡惠山规划了多功能山地游乐运动场。

3. 保健康复型森林公园

保健康复型森林公园要求山美、水美、环境美,适宜度假、避暑和疗养。

4. 生态屏障型森林公园

多数生态屏障型森林公园为城市居民提供优美的生态环境,起到净化空气、改良气候、保持水土、减轻自然灾害和人为污染等作用。如江苏南京紫金山国家森林公园(图 4-3)。[1]

5. 自然教育型森林公园

自然教育型森林公园包含或连接自然保护区,要以保护对象为

① 郭晋平,周志翔. 景观生态学[M]. 北京:中国林业出版社,2007.

核心,建成科研、教学、生产和科普宣传园地。如在江苏大丰麋鹿保护区
(图 4-4)人们可以观赏国宝"四不像",进行科普宣传和爱国主义教育。

图 4-3　紫金山国家森林公园

图 4-4　江苏大丰麋鹿保护区

6. 特殊风物型森林公园

特殊风物型森林公园具有特殊的历史遗迹或风物景观。如江苏江阴要塞森林公园自春秋战国以来就是"江防要塞",1982 年已列为省级重点文物保护单位。境内还建有陈毅诗碑、望江楼、君山公园和鹅鼻嘴公园(图 4-5),供人瞻仰和游览。

图 4-5　鹅鼻嘴公园

7. 综合型森林公园

综合型森林公园大部分处于近郊的风景旅游区,兼有上述两类以上功能。

(二)生态视角下森林公园景观生态规划的原则与要点

1. 生态视角下森林公园景观生态规划的原则

(1)保持原始面貌

森林旅游主要是满足人们回归自然、体验性旅游的强烈愿望。森林公园规划与建设应在提供良好旅游服务设施的基础上尽可能保持森林景观的古朴自然风貌。

（2）具有鲜明的主题

开展森林旅游活动是森林公园建设的主要目的之一。公园旅游的主题妥当、特色鲜明是总体规划工作成功的关键，关系到公园的吸引力和经营效益。

（3）全面规划、分片开发、滚动发展

公园建设规划应充分考虑总体性和可行性两方面要求。确定好现阶段建设项目和长远发展规划，保持公园建设的总体性。在时间安排上应遵循边建设边经营的原则，分片开发、分期实施、先易后难、先基础后设施，达到滚动发展、逐步完善。①

2. 生态视角下森林公园景观生态规划的要点

（1）总体布局

总体布局要突出主题、彰显特色，视公园具体情况确定森林公园的主题。总体布局的内容主要包括确定森林范围与建设规模、公园性质，确定公园功能区类型划分，森林公园环境容量与旅游规模预测。

（2）景区划分

景区划分一般要求不同景区的主题鲜明，各其特色，景区内的景观特点类似，景点相对集中，还要有利于游览线路组织和公园管理。

（3）风景林设计

水平郁闭型风景林由单层同龄林构成，林木分布均匀，能透视森林内景，形成整洁、壮观的景观效果。垂直郁闭型风景林由复层异龄林构成，林木呈丛状分布，树冠高低参差，形成"绚丽多彩、生机勃勃"或"郁郁葱葱、深奥莫测"的景观效果。稀疏草地型风景林主要由丛状乔木和草地构成，主要用于观赏和游憩活动。空旷型风景林由林中空地、草坪（或草地）、水面相连的空旷地构成。空旷型风景林艺术效果单纯而壮阔，主要用于观赏、体育游戏及各种群众活动。园林型风景林由亭台楼阁等建筑物与景观植物综合配置而成，一般多为名胜古迹所在地。在风景林的空间布局上，要把握好巧用不同视角的风景感染力，合理安排对景、透

① 李士青，张祥永，于鲸．生态视角下景观规划设计研究［M］．青岛：中国海洋大学出版社，2019．

景、障景和正确处理森林风景的景深三条原则。

（4）保护工程规划

在开展森林游憩活动过程中，森林植被最大的潜在威胁是森林火灾。其中，游人吸烟和野炊所引起的森林火灾占有相当大的比例。森林火灾不仅会使游憩设施受损，威胁游客生命财产安全，而且会毁灭森林内的动植物，火灾后的木灰进入水体还可能导致大批鱼类死亡。因此，在规划设计时一定要考虑森林公园火灾的防护。

3. 生态视角下森林公园景点规划

（1）组景

组景必须与景点布局统一构图，充分利用已有景点，视其开发利用价值，进行修整、充实、完善，提高其游览价值。新设景点必须以自然景观为主，以建筑小品做必要的点缀，突出自然野趣。

（2）景点布局

景点布局应突出森林公园主题和特色，突出主要景区，合理安排背景与配景。景点的静态空间布局与动态序列布局紧密结合，处理好动与静的关系，构成一个有机的艺术整体。

（3）游览系统

在森林公园内组织开展的各种游憩活动项目应与城市公园有所不同，应结合森林公园的基本景观特点开展森林野营、野餐、森林浴等项目，满足城镇居民向往自然的游憩需求。

第二节　生态视角下的自然保护区景观规划设计

自然保护区景观规划设计要做好收集动植物资源、栽培多样化的动植物生态圈、迁地动植物保护等研究工作，同时具有科学研究、物种保育、科普教育、教学实习、旅游等功能。

一、自然保护区定义

《中华人民共和国自然保护区条例》将自然保护区定义为对有代表性的自然生态系统、珍稀濒危野生动植物物种的天然集中分布区、有特殊意义的自然遗迹等保护对象所在的陆地、陆地水体或者海域,依法划出一定面积予以特殊保护和管理的区域。

自然保护区生态系统因保护区空间位置、生态系统结构和组分的不同而差异较大。通常自然保护区是完全天然的自然生态系统,其系统结构异常复杂,生物多样性较高,系统的整体性和稳定性较强,一般具有典型的生态系统、珍稀物种或自然遗迹等,并急需重点保护。(图 4-6)

图 4-6　可可西里自然保护区

二、自然保护区功能分区

自然保护区具有多种功能,如生物多样性保护、科学研究、自然保护教育、自然资源合理开发示范。发挥保护区的多种功能是自然保护区功能分区的目的之一。

(一)自然保护区功能分区原则

1. 核心区

核心区的面积、形状应满足种群的栖居、饲食和运动要求;保持天然景观的完整性;确定其内部镶嵌结构,使其具有典型性和广泛的代表性。

2. 缓冲区

为规避人类活动对核心区天然性的干扰而划分的隔离带或隔离区;为绝对保护物种提供后备性、补充性或替代性的栖居地。

3. 实验区

按照资源适度开发原则建立大经营区,使生态景观与核心区及缓冲区保持一定程度的和谐一致。

生物圈保护区的思想为自然保护区的设计规划提供了全新的思路。需要指出的是生物圈保护区只是有关自然保护区规划设计的一种思想,在具体设计操作中,如何确定各功能区的边界、如何合理设计保护区的空间格局及如何构建廊道为物种运动提供通道等,这些问题的解决必须根据其他相关学科的知识理论来完成。

(二)MAB 的功能分区

MAB 在计划的实施过程中提出了影响深远的生物的保护思想。根据其思想,一个合理的自然保护区应该有三个功能区组成。①

1. 核心区

在此区生物群落和生态系统受到绝对的保护,禁止一切人类的干扰活动,但可以有限度地进行以保护核心区质量为目的,或无替代场所的科研活动。

---

① 李士青,张祥永,于鲸. 生态视角下景观规划设计研究[M]. 青岛:中国海洋大学出版社,2019.

2. 缓冲区

围绕核心区,保护与核心区在生物、生态、景观上的一致性,可进行以资源保护为目的的科学活动、观赏型旅游和资源采集活动。

3. 实验区

保持与核心区和缓冲区的一致性,在此区允许进行一些科研类经济活动以协调当地居民、保护区及研究人员的关系。

三、自然保护区设计流程

通常自然保护区按层次进行设计(图 4-7)。

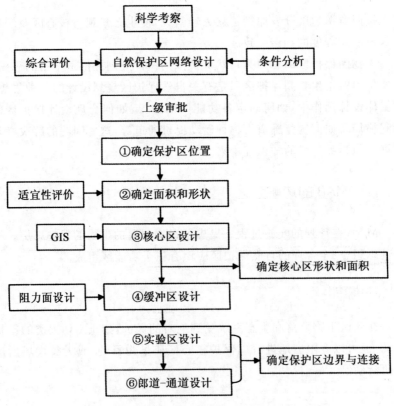

图 4-7　自然保护区生态规划步骤(章家恩,2009)

(一)自然保护区位置确定

自然保护区选址的确定要经过科学考察、条件分析、综合评价、上级审批四个阶段。

1. 科学考察

全面科学地调查拟建的自然保护区地域,确定保护对象及其周边因素(生态、经济、市场、交通、资源、社会状况、特征、变化趋势等),并编制调查报告和附图。

2. 条件分析

调查结果与《中华人民共和国自然保护区管理条例》第二章第十条的有关规定进行比较。如果满足五项条件之一,可视为满足建立自然保护区的条件。

3. 综合评价

对拟建的自然保护区,按照国家规定分别进行生态评价和社会经济评价,然后进行综合评价,并编制可行性研究报告。

4. 上级审批

拟建的自然保护区,应当按照报告类型向有关主管部门申报,并按照申报等级向国家或者有关地方政府进行申报。拟建的国家级自然保护区,由省、自治区、直辖市人民政府或者国务院有关部门提出申请,经国家级自然保护区评估委员会审查,由国务院环境保护行政主管部门协调、提出审查批准意见,报国务院批准。建立省级自然保护区,必须经省一级政府批准。

(二)保护区面积的确定

一个保护区应该有多大面积才能达到预期目标,这在很大程度上取决于它保护的是什么以及它是为了什么而建的。如果为了保护一个地区的自然生态系统及其所组成的物种,那么面积就尤其重要了,因为只有足够的面积才能实现保护的总体目标,从而维持各种生态系统的存在,并确保所有物种的延续。

一些人认为保护区面积越大越好,其实不然,重点在于区域内的物种数量与区域大小之间存在相关性。最初,物种数量随面积而增加,但在达到某个程度的时候,增长速度便会开始下降。

因此,保护区的设计就应遵循下列原则:

(1)面积应达到足以满足重要保护对象的要求。

(2)连片比若干分散的要好。

(3)对某种特殊生境和生物类群,最好是相互间的距离越小越好。

(4)保护区之间最好有通道连接,以利于物种迁移。

(5)为了避免"半岛效应",保护区形状以圆形为佳。

(三)自然保护区核心区设计方法

核心区应是具有最高保护价值或在生态演化中发挥重要作用的保护区,需通过规划保证生态系统和珍稀濒危动植物的自然状态。可以使用山脊、河流、道路等地貌边缘作为边界。

(四)自然保护区缓冲区设计方法

1. 生态缓冲

缓冲区最基本的规划要求是限制核心区以外的外来影响,并加强对核心区内生物的保护。实践证明,缓冲区可以直接或间接地阻止人类破坏自然保护区;防止外来植物通过人类和动物活动进行传播和蔓延;减少有害野生动物对自然保护区周围作物的损害程度。它还能过滤重金属和有毒物质,防止其扩散到保护区;可以扩大野生动物的栖息地,缩小保护区内外野生动物栖息地的差距。另外,缓冲区还可以为动物提供迁徙路线或临时栖息地。

2. 协调周边社区利益

在我国,缓冲区的规划和建设需要特别注意社区参与。我国大部分自然保护区位于偏远欠发达地区,缓冲区是周边居民、地方政府和自然保护区管理部门等利益容易发生冲突的地区。为营造良好的环境,提高生态保护效果,在确定缓冲区的位置和范围时,应与社区沟通,听取意见,努力了解情况,补偿居民因不能进入核心而造成的损失,鼓励当地居民积极参与缓冲区的保护和管理,与当地社会经济发展相协调。

3. 突出重点

应从生态保护的要求出发,明确被保护的生态系统的类型及重要物种,对保护对象的生物学特征、保护区所在地区的生物地理学特征、社会经济特征开展研究,确定缓冲区的各项指标,如形状、宽度和面积等,从而将不利因素隔离在自然保护区之外。

4. 因地制宜

根据生态保护要求、可用土地、建设成本等因素,确定最佳缓冲区面积。如果当前土地利用冲突较大,则必须建立内部缓冲区,反之应建立外部缓冲区。

(五)自然保护区实验区设计

边界与缓冲区间的地带即为实验区。对于实验区内各种科学实验活动和资源适度利用项目,一要控制项目类型,不能经济效益至上;二要控制其规模,不能在实验区内全面开花;三要控制资源开发利用的强度。在实验区内,不得建设污染环境、破坏资源或者景观的生产设施;建设其他项目,其污染物排放不得超过国家和地方规定的污染物排放标准。

(六)区间走廊的规划布局

多个保护区如果连成网络,能促进自然保护区之间的合作。例如,巴西西部的 15 个核心区(由国家公园和自然保护区组成)借助缓冲区和过渡区而连接成为一个大的潘塔纳尔(Pantanal)生物圈保护区。

在自然保护区间建立走廊,一方面能减少物种的绝灭概率,亚种群间的个体流能增加异质种群的平均存活时间,保护遗传多样性和阻止近交衰退;另一方面,还能够满足一些种群进行正常扩散和迁移的需要。

区间走廊的规划布局,除了考虑动物扩散和迁移运动的特点外,还须考虑走廊的边际效应,以及走廊本身成为一个成熟栖息地所需要的条件。关于走廊连接保护区的方式、走廊建成以后对于生物多样性的影响,以及走廊适宜的宽度、长度、形态、自然环境、生物群落等,这些问题还需要深入的理论研究和实践检验。

第三节　案例分析

一、森林景观规划设计案例

(一)泰国曼谷东郊森林公园景观规划设计

项目地点:泰国曼谷(Bangkok)。

设计师:曼谷景观设计事务所(Landscape Architects of Bangkok)。

该森林公园坐落于曼谷东部边缘的郊区,距离素万那普国际机场约6km。设计团队在这个生态修复项目中加入了户外展览空间元素,希望借此机会教给民众本地森林生态的相关知识,唤醒他们的环保意识。

设计师通过大量种植本土低地热带植被,将这块面积约20000m²的荒废土地回收利用,并将其重塑为足以应对城郊扩张趋势、城市热岛效应与洪水淹没区发展的综合性绿地。

1. 历史与文脉

2012年初,曼谷景观设计事务所团队受 PTT 造林部门的邀请,为此地重建林区。在泰国石油管理局 CEO 的倡议下,同时也为了纪念皇室对森林保护的重视,景观团队创造了一个重现泰国旧日森林系统的景观空间,供人们游玩和学习。该设计大量使用了 19 世纪中期曾在此地繁衍生息的各种植被。实际上,曼谷附近的许多地名都是沿用了其盛行植被的名称。

2013 年 5 月,公园的建造正式拉开了帷幕。将近 37000 方的土壤和 6000 方的种植土被引入,塑造出的起伏台地,为未来植物的生长奠定了相应的种植介质。同时,高低不一的台地也在小尺度上创造出一个个各不相同的微小生态环境。

2. 植被演替:方法与技术

为了创造多样化的森林生态系统,设计团队沿用了宫胁昭(Akira Miyawaki)博士的幼苗种植技术以创造低地龙脑香科树木生长的最佳环境。由景观建筑师、森林生态学家与施工团队合作设计、建造的台地具有多孔性,能够保持土壤内的空气含量。[①]

3. 重现活力的空间与游人

凭借起伏台地塑造而成的瀑布溪流,以及空中步道、眺望塔、展览中心的碳中性设计,项目获得了 LEED-NC 铂金级认证。来自景观团队的设计,让外部空间变成了以夯实素土打造的展览空间的延伸。该森林公园正如当初 PTT 造林部门所许下的承诺一般,成为一个能够唤醒公众的森林管理意识,并使其认识到环保重要性的真正意义上的公众空间。

在如同大地艺术般的室外展览区中,不断发展、变化的景观让游客的每一次到访都有着截然不同的空间体验。他们或在林下感受丰富的林冠空间层次,或沿着空中步道穿行林间,或在眺望塔中俯瞰丛林,看到一个个颠覆过往认知的曼谷。而一个野趣盎然的自然空间,在为人们提供教育与休闲服务的同时,也能够启发到访者在自家后院尝试打造一个专属于自己的小森林。

---

① 林春水,马俊. 景观艺术设计[M]. 杭州:中国美术学院出版社,2019.

(二)隆德县堡子山市民休闲森林公园规划设计

1. 项目概况

隆德县堡子山市民休闲森林公园位于县城东南侧,古柳公园以南,老巷子以东,总占地 69.44 公顷。项目区西侧有隆德高级中学、二中、老巷子民俗文化村、隆德三小。周围有龙城世家、御景鸿府等居住小区,交通便利,地理位置优越。①

2. 项目定位

根据公园地理位置、自然条件、气候特征、经济社会发展状况及现状特点,将公园定位为:隆德县"生态文明建设""美丽隆德建设"的重点示范工程,成为满足市民休闲、娱乐、游憩、健身等活动的生态文化休闲公园,县城中心的生态"绿肺",地方民俗文化展示窗口及休闲旅游场所。

3. 功能分区

根据公园现状及总体定位,将公园分为 5 个功能区:森林生态区、科普教育区、游览观赏区、休闲娱乐区和入口景观区。

(1)森林生态区

森林生态区总占地面积为 701.4 亩,现状已有植被覆盖,与东环路相邻。建设将最大限度保留原有地形和现有植物,基本不做其他景观设施,综合现有园路重新布局作为观光道路,利用园路将整个生态区贯通把人引入参与其中,以达到人与自然和谐共存,意在打造成为森林观光、休闲度假、参与性旅游为主的园区。此区域在增加绿化面积的同时进行植物的美化与彩化。

(2)科普教育区

科普教育区总占地 273.7 亩,位于项目的西南侧,与老巷子民俗文化村相邻,该区域以提升景观观赏功能为主,增加园路、景亭等景观设

---

① 叶小曲,沈效东. 生态景观规划设计集锦 森森设计 20 年发展之旅[M]. 北京:阳光出版社,2017.

施。以当地植物为主进行彩化和美化,在常绿树种的基础上增加阔叶落叶树种,部分区域种植彩叶树种,局部种植在隆德县引种驯化成功的新品种植物和六盘山珍稀植物,营造具有科普意义的山体绿化景观。

（3）游览观赏区

游览观赏区总占地23亩,现状为山顶平台,结合立地条件及隆德县文化底蕴建设隆德书院。此区域主要以亭廊组合为主,书院里设置书画长廊,在书院南边规划树阵广场,一方面给游人提供休闲健身场地,另一方面起到临时停车的作用。

（4）休闲娱乐区

休闲娱乐区总占地20.6亩,此区域根据隆德县当地历史文化传统,在景观布置上汲取剪纸、泥塑等民间文化元素,设置硬质景观。主要为人们提供游憩、娱乐的场所。整个文化广场总体布局呈龟的形态,北边的三个广场平台上面分别为龙、凤、麒麟的地刻,与龟形的总体布局构成了"四灵"（龙、凤、麒麟、龟）。

（5）入口景观区

入口景观区总占地22.9亩。主要景观节点有西南方向水印琴棋入口广场、东南方向的休闲平台以及东北入口。东北入口作为隆德县堡子山（龟山）市民休闲森林公园的主入口,主要为人们提供休闲、健身的场所。根据现有立地条件保留原有大树,坡地布置景墙以遮挡裸露坡体。休闲平台设置大型停车场方便游人停车。水印琴棋入口广场布置假山叠水、棋盘广场、琴音景墙。一方面起到美化、装饰坡体的作用,另一方面形成高山流水、琴棋书画的景观效果。

4. 植物布局与造景

（1）布局

根据现状:植物总体布局可分为三个区,即园林景观区、特色植物观赏区和森林生态景观区。竖向设计:由高及低由阔叶大乔木、针叶乔木、小乔木、花灌木、地被组成丰富层次及景观。阔叶乔木:针叶乔木:花灌木:地被配置比例为3:1:2:2。

（2）植物造景

植物规划分为三个区域:园林景观区、特色植物观赏区和森林生态景观区。

①园林植物景观区

主要布置在山体平台及主要入口区域,重点景观使用春季开花的碧桃、樱花、榆叶梅及山桃、山杏形成春季山花烂漫的景象。同时根据景观需要种植地被花卉地被菊、波斯菊、玉簪等,与乔灌木搭配,造型金叶榆、造型油松增加景观亮点。

②特色植物观赏区

分布区域为山体东南部分,是堡子山(龟山)阳面,光照条件优越,有利于当地植物及一些特色植物种类的种植,如金银木、红瑞木、醉鱼木、黄栌等。在条件允许的情况下增加六盘山植物种类,使周围的游客在观赏植物景观的同时认识新型品种,增加科普性。

③森林生态景观区

主要分布在山体东北方向,属于山体的阴面。现场原有植物覆盖率较高,主要树种有云杉、樟子松、紫穗槐、山杏等一些当地适生树种。在进行植物配置的同时增加落叶阔叶树种与常青树种搭配,山体坡面种植花灌水,增加山体坡面景观的同时加固坡面,减少水土流失。选用植物有白蜡、旱柳、河北杨、火炬树、金叶榆等。

(三)吴忠市红寺堡区市民休闲森林公园总体规划

1. 项目概况

森林公园位于红寺堡区以南,东邻滚新公路,南以新建道路为界,西至盐兴公路,北靠移民区道路,总占地面积约 4987 亩。

2. 规划指导思想

如今,生态文明已经成为城市建设的主导思想,建设城市森林公园,促进人与自然和谐共生,代表着现代文明城市发展的新潮流。

本次规划坚持以科学发展观为指导,以生态经济和旅游经济理论及可持续发展观为依据,以城南万亩林场资源为依托,建设占地 4987 亩的城市市民休闲森林公园,以观光休闲度假旅游为主题,突出以沙旱生植物为主,葡萄、枸杞等休闲农业和深加工相结合的独具地域特色的人工森林景观,体现人文关怀,为红寺堡及周边居民提供融休闲度假、娱乐游憩、农业观光、森林科普等多种功能为一体的综合性的天然户外活动场所。

3. 规划原则

(1)因地制宜原则

根据区位、林相及用地类型的不同,结合已建成的观光苗圃区,充分利用沙地、河谷以及风沙环境下形成的独特的自然资源开发旅游项目。

(2)保护与开发相结合原则

严格遵守有关法律、法规和政策,坚持在保护的前提下开发,在开发的过程中予以保护,重点维护森林生态系统的平衡。

(3)整体效益原则

在旅游规划的编制及实施过程中,正确对待经济效益、生态效益与社会效益三者之间的关系,避免只注重眼前利益而忽视长远利益,力求经济效益、生态效益与社会效益协调统一、同步发展。

根据总体规划理念及原则将整个森林公园划分为五个功能分区,"五区"为森林生态区,游览观赏区,休闲娱乐区,物种保护区和核心景观区,并且赋予了其鲜明的主题特点。

(四)青铜峡市市民休闲森林公园总体规划

1. 项目概况

青铜峡市市民休闲森林公园位于青铜峡市小坝新老城区结合处,东临东环路,南依南环路,西傍汉延渠,北靠国道 109 线。总用地面积 1432 亩。①

2. 规划目标

以国家、地方与生态建设有关的法律、法规为依据,以青铜峡市特殊的地理位置和生态条件为依托,根据青铜峡市政府的高度决策,在推进青铜峡城市整体生态建设,优化城市整体空间布局,促进城市协调发展的大背景下,在青铜峡市市区建设占地约 95.5 公顷的城市森林公园,达

---

①　叶小曲,沈效东. 生态景观规划设计集锦 森森设计 20 年发展之旅[M]. 北京:阳光出版社,2017.

到城市绿地公园、休闲旅游和文化保护于一体的目标,实现"城在绿中、绿在城中"的蓝图,达到提升城市整体环境品质、改善市民生活品质、助推青铜峡旅游业发展与城乡一体化进程的终极目标,将其打造成为"生态立市、魅力青铜峡"的展示窗口和示范亮点,最终实现生态效益、社会效益与经济效益的三效统一。

3. 规划原则

(1)遵循开发与保护相结合的原则

以生态学理论为指导,增强保护意识,科学、合理、有序地保护和开发利用森林资源。做到立足保护、合理开发、综合利用。在切实保护森林公园内自然景观、恢复人文旅游资源的基础上,加大对古树名木的保护力度,加强对人工林的抚育和改造,不断提高森林公园的景观质量。

(2)以人为本、尊重自然的原则

以再现自然、改善与维护区域生态系统平衡为宗旨,以人与自然共存为目标,兼顾森林公园的功能,满足人们休闲娱乐、观光度假的多方面的需求,创建一个度假休闲、农业观光于一体的风景游览区。

(3)突出主题、全面提升的原则

从公园的全局出发,统一安排;充分合理利用地域空间,因地制宜地满足森林公园多种功能需要。在充分分析各种功能特点及其相互关系的基础上,合理组织各种功能分区,使其相互配合、协调发展,构成一个有机整体。尤其注重与各功能分区的山、林、水、路相协调,全面提升植物景观。

二、自然保护区景观规划设计案例

(一)北京百花山自然保护区设计

1. 基本概况

北京百花山(图4-8)自然保护区位于北京市门头沟区清水镇境内,南与北京市房山交界,北与河北省怀来、涿鹿两县相邻,西与河北省涞水、涿鹿两县相接,东至门头沟区马栏老龙窝为界。百花山自然保护区是北京市面积最大的保护区。[①]

图 4-8　百花山落日

2. 保护区保护功能和主要保护对象的定位与评价

(1)保护价值评价

百花山自然保护区属于暖温带森林生态系统,生物多样性丰富,自然景观保护完整,具有暖温带森林生态系统的典型性、多样性、完整性和自然性等特点。

(2)保护对象

①典型的暖温带森林生态系统及其生物多样性。

暖温带森林生态系统在该区具有显著的典型性与代表性,保护区植被类型多样、垂直带谱明显,同时其物种多样性在北京属首位。

②多功能生态林。

保护区的森林具有阻隔风沙、涵养水源、保持水土、调节气候等作用。保护区的华北落叶松林、落叶阔叶林、针阔混交林等森林类型,林分质量高、覆盖率大,是价值极高的多功能生态林。

---

① 徐清.景观设计学[M].2版.上海:同济大学出版社,2014.

③珍稀、特有物种及其栖息地。

保护区有国家Ⅰ级重点保护动物褐马鸡、黑鹳、金雕和金钱豹4种，另有10种国家Ⅱ级重点保护动物；有国家Ⅱ级重点保护植物2种，有百花山花楸、百花山柴胡、百花山葡萄、百花山鹅观草、百花山苔草5种保护区特有植物。此外，保护区还有兰科植物17种。对其有效保护必将扩大其种群规模，对我国物种基因库的扩大与保存有重要意义。

④典型的自然景观。

保护区内的百花山和东灵山分布有垂直带谱明显的森林植被，其森林外貌多彩、群落格局错落有致；保护区内还分布有华北罕有的高山草甸和云杉古树群。

(3)保护区类型

根据保护对象，依据《自然保护区类型与级别划分原则》(GB/T4529—1993)，该保护区属"自然生态系统类别"中的"森林生态系统类型"自然保护区。

3. 规划期限

北京百花山自然保护区总体规划期限为10年，即2004—2013年。规划期分2期，近期为2004—2008年，远期为2009—2013年。

4. 保护区的功能区区划

(1)核心区

核心区面积6836.00公顷占保护区总面积的31.44%，根据保护对象与保护有效性的原则，将核心区分为4块，见表4-1。

表4-1 核心区划分表

核心区	面积/公顷	主要保护对象
百花山	1225.00	古云杉、紫椴等野生植物，野生动物，森林生态系统
白草畔	1095.00	天然落叶松林，褐马鸡等野生动植物，森林生态系统
梨园岭	3319.00	褐马鸡、金钱豹等野生动物，野生植物，森林生态系统
小龙门	1197.00	褐马鸡、核桃楸等野生动植物，森林生态系统

（2）缓冲区

缓冲区面积 4880.64 公顷,占保护区总面积的 22.45％。

（3）实验区

实验区面积 10026.46 公顷,占保护区总面积的 46.11％。

保护带面积共计 7700 公顷,是京、冀行政区边界和门头沟区清水镇达摩庄路围合的集体林地区域,位于保护区南北 2 大块与马栏林场边界的中间部分。门头沟政府已正式行文将此区域作为百花山自然保护区的保护带,以连接百花山和东灵山为一体。保护带不计入保护区总面积,参照实验区的管理措施进行管护,由保护区和当地社区共同管理。

（二）草海自然保护区

1. 草海自然保护区基本概况

草海是贵州最大的天然高原淡水湖泊,位于贵州省西部威宁彝族回族苗族自治县县城西南隅,是我国特有的高原鹤类——黑颈鹤的主要越冬地之一,被誉为云贵高原上一颗璀璨的明珠。[1] （图 4-9）

图 4-9 草海航拍

---

[1] 李士青,张祥永,于鲸. 生态视角下景观规划设计研究[M]. 青岛:中国海洋大学出版社,2019.

(1)草海的生物多样性

草海是贵州高原最大的天然淡水湖泊,拥有典型的高原湿地生态系统。

1960 年,草海流域的森林覆盖率为 23%(张炳才通过 1960 年航摄地形图计算),但 1994 年仅为 9.8%。而且在林下少有灌木、草本植物和地被层,森林和灌丛下土壤裸露,水土保持性能差。

除大中河流入草海的水急处外,整个草海湖几乎都长满了水生植物,"草海"名副其实。从边缘到中心,有挺水植物群落、浮水植物群落和沉水植物群落。这样大面积的水生植被,在贵州省是唯一的,在我国南方也是少见的。

草海流域的气候不适宜种植水稻,只能保证玉米和冬小麦一年一熟,所以大面积种植玉米并套种马铃薯或菜豆,是草海流域的主要种植模式,而且仍然保持着粗放的耕作和经营方式。

(2)草海珍稀物种——黑颈鹤

黑颈鹤可在湖盆内各种类型的栖息地上觅食,多见于沼泽、草地、湖盆农地,偶尔也见于山坡农地上,对湿地显示出强烈地依赖。黑颈鹤的种群大小与草海湿地面积密切相关,而后者又取决于人为活动的方式和强度。过去几十年,黑颈鹤越冬种群的变化直接或间接地印证了这种关系。可做如下划分:

①草海湖排干时期(20 世纪 70 年代)。排干期间,大量地开垦湖周湿地,使得黑颈鹤的觅食地和夜宿地面积大为缩小,黑颈鹤数量减少。1975 年,黑颈鹤数量最少,仅 35 只。由此推断,活动于湖水面的雁鸭类等水禽的数量下降更大。在此期间,中国没有关于鹤类和水禽保护的法律法规,野生动物处于很大的狩猎压力之下。

②黑颈鹤种群缓慢上升期(20 世纪 70 年代末和 20 世纪 80 年代初)。一个原因可能是由于洪涝等因素使低洼地带新开垦的农地不能耕作,湿地总面积得以增加(尽管明水面的面积可能没有增减);另外一个原因可能是狩猎压力的逐渐减小。

③黑颈鹤的种群数量迅速上升期(1983 年)。1983 年,黑颈鹤的种群数量迅速上升,这显然是由于草海蓄水和湿地沼泽恢复给黑颈鹤和其他水禽提供了良好的栖息环境。另外,贵州省政府于 1982 年颁布了《贵州省野生动物保护管理办法》,把黑颈鹤置于法律保护之下。同时,黑颈鹤被列为国家一级保护鸟类。

④黑颈鹤的数量逐渐下降期(1983—1991年)。这一阶段由于下游的水量不稳定,导致草海的湖水被当作第二供水源使用,同时,农民的保护意识不够,私自挖开草海附近的堤坝,或打开泄洪闸,这些造成了湿地和浅水面积的减少。

⑤草海水位稳定期(1991年以后)。1991年,草海自然保护区管理处控制了草海湖出水口泄洪闸,把水位升回1982年草海第一期蓄水工程的设计水位(滚水坝坝顶海拔2171.7米)。鹤类栖息地面积的增加使鹤类数量得以回升。自1991年以后,草海湖水位一直维持在这个水平。

2. 草海自然保护区生态广场的设计内涵与定位

(1)草海自然保护区生态广场的设计内涵

黑颈鹤是草海自然保护区的"名牌",因此在设计时取其谐音"和"来为广场命名。它体现了人类与自然和谐相处的设计思想,加之草海地区少数民族较多,因此该设计也体现了民族一家亲的和谐思想。

(2)草海自然保护区生态广场的设计定位

该自然保护区既有天然的生态环境,也有诸多少数民族文化充斥其中,所以其设计定位综合了两者的核心与特色,在景观中融入民族风情,又利用民风民俗为景观增添色彩,如设置了生活习俗、婚丧礼仪、图腾崇拜、服饰装扮以及回族的挑花剪纸、苗族的蜡染编织等体验项目。

第五章 生态理念下的城市河流滨水景观规划设计与表现

城市的合理规划是城市发展的关键,城市建设需要相应的规划来指导其实施。生态文明城市规划以人与社会的和谐、人与自然的和谐为最终目标,以科学发展观为指导,是一种融合了城市化、辩证理念、系统概念的综合规划,是建立自然保护、绿色高效的生态工业体系,构成符合生态文化理念和生态人居结构的城市发展总体规划。20世纪90年代后期以来,沿海地区的发展成为城市建设的热点之一。在城市河流和湖泊管理中,景观和绿色设计问题已列入议程。同时,沿海发展也为城市发展提供了机会,并为改善或改变城市形象创造了必要条件。沿海城市逐渐成为当地城市的名片,成为城市居民的娱乐场所。

第一节 城市河流滨水区景观组成与城市发展分析

研究发现,早期的城市多出现在大江、大河以及其冲积的平原上。我国的早期城市就聚集在沿着黄河、长江、珠江等几大水系流域附近,沿着水流分布和发展。

所谓城市的滨水景观,主要分为两种类型——物质性和非物质性。物质性的景观又可以再细分,按照景观生态学的理论分析模式可分为斑块、廊道、基质三大结构形式;从城市设计理论角度则对应可划分为景观区域、景观轴、景观节点三个部分。非物质性景观则是以此三种物质景观为载体,通过人类活动而形成的感性认识,是寄托在物质景观中的文化痕迹,是一种高层次的设计理念目标,是城市环境景观焕发生机与活力的灵魂所在。城市滨水景观区域可划分为水域景观、过渡域景观、周边陆城景观三部分。(如图 5-1 所示内容)。

图 5-1　城市滨水区景观构成分析

一、城市滨水景观类型

(一)水域景观

水域的景观是由水城的基本样式确定的,不同的水域景观有着不同类型的样貌、生态、气候等,而这些水域景观的特征,主要受到附近人类活动的影响。

水体是滨水区的重点,水体有不同的形态,比如有微波荡漾,也有波涛汹涌,不同的水体状态能够产生不同的效果。当水上处于平静和稳定时,适合人们在水域处独处、冥想和亲密交流。在水动力条件下,水的表达通常取决于流速。如果流速较低,则水流所影响的情感不明显。随着水流速度的增加,受形状的影响,形成漩涡、瀑布和水花,唤醒人们的情感。当水流过山谷时,水继续翻滚,引发人们跌宕起伏的情绪。同时,随着昼夜、季节和年份的变化,水体也会呈现出不同的形态。

不同的季节也会有不同的滨水景观,风霜雨雪的韵味各不相同。

(二)过渡域景观

过渡域景观是指岸边水位变动范围内的景观,主要是河流滨水、湖泊两岸的湿地和护坡、临水的平台以及防洪的堤墙等。

(三)周边陆域景观

周边陆域景观主要是由地理景观所确定,由水域周边的人工建筑、雕塑小品、滨水绿色走廊等组成。在政治、文化、经济中心的城市,更多的是受到城市文化的影响,例如图 5-2 所示的武汉港。

图 5-2　武汉港

二、城市发展滨水区分析

(一)临海城市中的滨海绿地

在沿海的城市中,海岸线是呈现延伸的样式,有的城市会形成一种城市内部通海的城市结构。在海岸线附近的礁石和沙滩都构成了当地的特色景观样貌,具有独特的娱乐性和休闲性。临海城市常常会建造海滨乐园,这些海滨乐园的绿化面积较大,除了一般的景观绿地、游憩散步道路之外,有时还设置一些与水有关的运动设施如海滨浴场、游船码头、划艇俱乐部等。此类滨海绿地在大连、青岛、厦门等城市中运用较为普遍。例如图 5-3 所示的临海城市青岛的海滨绿地。

图 5-3　青岛的海滨绿地

（二）面湖城市中的滨湖绿地

我国许多的城市之中都有湖泊的存在，最为民众熟知的滨湖城市是浙江的杭州。滨湖城市位于湖泊的一侧，甚至将整个湖泊或湖泊的一部分围入城市之中，因而城区拥有较长的岸线。滨湖绿地的面积一般没有滨海绿地大，湖泊的景致也与海洋的景致不同，相较于海洋更加柔美，因此绿地的规划设计也应有所区别。例如图 5-4 所示的杭州西湖滨湖绿地。

图 5-4　西湖滨湖绿地

(三)临江城市中的滨江绿地

城市发展离不开港口,江河湖海的沿岸常常会产生发达城市。江河依靠江水,交通的运输十分方便,因此,建设港口、码头以及运输需求的工厂企业非常常见。随着城市的发展,许多城市的城市规划把江河沿岸的地区修建成为绿地,人们可以沿着江岸放松身心、体会自然。这种绿地的修建应关注与相邻街道、建筑的协调。类似的滨江绿地可以在上海、天津、广州等城市中见到。例如图5-5所示的天津滨江绿地。

图5-5 天津滨江绿地

(四)贯穿城市的滨河绿地

在我国的东南沿海地区,具有许多的河流湖泊,这些河流湖泊穿越过城市的各个街区和市集,贯穿城市的东西南北,成了城市本身的一部分。随着城市经济与基础建设的不断发展,有些城市为拓宽道路而将临河建筑拆除,河边用林荫绿带予以点缀。例如图5-6所示的水滨绿地。

图 5-6　水滨绿地

第二节　基于生态理念的城市滨水区规划理念与规划策略

一、基于生态理念的城市滨水区规划理念

（一）城市空间

所谓"城市空间"的概念,是城市建筑与空间构成的时空连续体。空间有形状、大小、距离、方位等概念,这些概念反映在人们的脑海世界中,通过视觉、听觉等方式传递,形成不同的感受体验。城市空间的构造能够给人类带来不同的审美体验。城市空间的不同样式满足了人们生活中对于空间环境的需求,并且,当城市空间的样式构造具有美感时,会给予人美的感受,提升城市的城市空间美。

中国幅员辽阔,各个地区各个民族的人民由于生活方式、文化传统和所处地域的自然环境等的不同,在音乐和建筑方面,就形成了不同的风格,而音乐特点和建筑景观也代表了不同民族的某些鲜明的民族特性。如藏族雪地粗犷的锅庄舞、踢踏舞与石砌的平顶碉楼;蒙古族草原悠长的牧歌与可移动的轻骨架毡房;维吾尔族抒情的木卡姆与精致的平顶木架土坯房;傣族优雅的孔雀舞;黎族的打柴舞(竹竿舞)与竹楼;汉族西北黄土高原高亢的信天游与窑洞;北京遒劲的大鼓书与胡同里的四合院;苏州柔媚的弹词与秀丽的私家园林;等等。

就汉族人来说,由于生活区域的不同,南方和北方在音乐与建筑风格方面便有很大不同。在建筑方面,由于北方冬天风雪寒冷,日照时间短,取暖防寒成为首要问题;南方夏天炎热多雨,隔热、通风、防雨则是重要问题。因此,在总体、单体、构造、设备上都有不同的处理。由于北方寒冷地区的墙较厚,屋面较重(防风),用料比例相应较粗,建筑外形和风格就显得浑厚、稳重、遒劲;南方地区气候温暖,墙面较薄,屋面较轻,木材用料也较细,建筑外形和风格就显得轻巧、玲珑、细致。

城市空间的构造主要是城市建筑,包括内容有住宅、道路、公园、体育场馆、艺术文化设施等。可以说,城市本身就是一个巨大的建筑,里面包括了各种各样的空间结构分区。城市空间和建筑空间是相辅相成的两个方面,城市空间是城市建筑空间的组成,而城市空间美又是建立在建筑美之上的。

城市空间包括两个部分:实空间和虚空间。

实空间:代表是建筑物等城市建筑实体。

虚空间:是建筑物等城市实体之间的外部空间。虚空间一般是公共场合或露天的场所,是人类交往的主要地点。

城市空间是人们日常生活中不可或缺的一部分。城市空间提供了满足城市生活需要的生活空间。城市虚空间提供了交往空间,满足了城市社会生活的需要。城市空间的存在是城市居民的精神象征。良好的城市空间可以促进精神的稳定。

一个好的城市空间涉及许多元素,包括空间的尺度、空间的围合与开放、与自然的有机联系等。城市空间的主体主要有建筑群落、城市广场、街道、公园、自然环境等构成,这些因素通过人的多种感官传递,进行审美活动。城市建筑构造采用比例、尺度、平衡、对称、韵律、统一等手段塑造,加上城市的历史沉淀,构成了每一个城市不同的城市风貌,同时,影响到每一个来到这个城市的人。人们通过对城市形象的感受、体会、思维可以获得对城市的领会理解,也就会获得对城市意蕴的把握。

(二)水文化在城市景观中的应用

城市的规划是一个综合而复杂的系统,城市的设计包括广泛的经济和文化因素,如地理、气候、工业和人口发展战略。生态环境因素是社会发展的一个重要组成部分,是一切建筑规划中最重要的因素。水在城市中的作用总是伴随着方方面面,这体现在水在人类环境、文化、美学和经济中的作用。

首先,从文化角度来看,水文化直接影响着城市规划的风格。横向对比,我国南方的苏州与西方的威尼斯非常相似,这两座城市都是"水的城市",但两个城市的布局、结构、空间和建筑却截然不同。苏州的江南水乡代表了当地的自然美,而威尼斯的水则起着非常重要的交通作用,说明不同的水文化会创造不同的城市形态。

其次,许多城市靠水为生。水和城市的兴起有密不可分的联系。一方面,在原始时期,有水的地区往往是原始人类聚居的地方,而且随着土地和水资源的开发,丰富的水和自然资源会吸引越来越多的人;另一方面,发达的水系也为交通、产品流通和商业繁荣带来了便利。人类因水而聚,人们在城市中沉淀了大量与水有关的文化,并成为城市文化。

最后,城市水文化的现状在很大程度上决定了城市环境的现状。因此,水资源的利用和保护也是环境保护,水的质量也是城市质量的体现。

(三)韵律与节奏

韵律作为一种文艺手段,主要用在音乐和诗歌中。诗歌要有节奏、音韵,而音乐的节奏、音调更是它的生命所归。诗要美,音乐就更要美。拿写诗来说,一个诗人对音乐有所了解,那么,他在为文时字里行间就充满了音乐。许多人称赞姜白石的诗词是音韵荡涤,很富音乐味。至于朗诵就更需要有音乐感,古人吟诗,简直就是唱歌。

人们常说,王维的诗,诗中有画,有音乐。而读起李商隐的诗来,就好像在读一首委婉甜美的梦幻曲。又如杨万里的诗歌,有点像门德尔松的钢琴小品《无言歌》,每首都是晶莹别致,像一个个雕刻艺术品。

韵律美在城市的建筑中是十分普遍和常见的,不论古今、东西,许多城市的建筑样式都体现出韵律的美感。正如前人所言,城市建筑就是

"凝固的音乐"。

韵律美主要有几种类型——连续韵律、变化韵律、整体韵律等。

连续的韵律一般由几种元素连续、重复的排列而形成,各种元素有不同的特点,持续的节奏与一个或多个元素保持一个固定的距离和关系,这些元素可以无限延伸和改变。节奏连续性的要素按一定的顺序变化,如加长或缩短、加宽或缩小、压缩或细化。因为这种变化是逐渐产生的,所以称为节奏的逐渐变化。当节奏逐渐变化时,按照一定的规律增加或减少,如上下波动,或有一种不规则的节奏感,这种节奏更活泼,更动感。尽管上述韵律节奏形式各有特点,但是,它们都体现了一个共同的特点,那就是具有很明显的顺序性、重复性和连续性,这使我们既能增强整体的统一性,又能得到各种各样的变化。

另一方面,城市景观设计中的节奏感正在向虚、实的关系转变。所谓"实"是指建筑物的绿化等物理元素,以及建筑物物理元素之间的差距,它为虚拟与现实二者的结合,带来节奏和韵律的变化。城市的韵律和节奏体现了形态要素之间的层次性,避免了机械的等距布置,不使城市景观单调僵硬,缺乏特色。这两点在城市景观设计中经常使用。

(四)比例与尺度

1. 比例

比例和和谐能使人产生美的感受。自古以来,许多人就一直在研究构成比例很好的因素,但观点却各不相同。一种观点认为,只有简单而合乎模数的比例关系才能易于被人们所辨认。从这个角度来看,我们还认识到,具有某些定量关系的几何图形,例如圆、正方形、等边三角形,可以用作衡量比例关系的尺度。具有不同比例的矩形仍然是矩形。哪个尺寸的形状最好? 经过长时间的研究、探索,最终人们定义最佳的比例为 1∶1.618,即所谓的黄金比例。另一种观点是,如果许多相邻的矩形相互垂直或平行(即它们的形状相似,比例相同),它们通常可以产生和谐的效果。

2. 尺度

所谓的"尺度"概念是建筑造型的主要特征之一,尺度与比例是密不可分的。尺度检验了整体或部分的建筑中人类的感知尺寸与真实尺寸之间的关系。比例主要是一种相对的概念,需要涉及概念中的数据关系;而尺度指的是真实的大小。但不能混淆尺度大小和尺度的概念。尺度通常不是指元素的实际尺寸,而是指元素的大小和它们的实际尺寸之间的关系。影响建筑规模的因素很多。在大多数情况下,建筑规模越大,比例越大,尺度越大。相反,较小的建筑规模和较小的比例,就是小尺度的样式。

二、基于生态理念的城市滨水区规划方法

(一)基础分析

在城市滨水区规划过程中,应对自然资源、社会经济条件、文化和历史因素进行详细研究。目的是研究滨水地区自然环境、社会经济、历史文化要素的表现特征和发展潜力的现状,这些要素促进了生态平衡,为城市滨水地区提供了适合人们居住的良好环境。

(二)控制规划

滨水区的空间规划是基于功能分区概念的空间规划方案,它提出了滨水区选址的具体发展策略,为滨水区的保护和恢复提供了指导。通过空间规划,以确保公众福祉和生态环境的可持续发展,同时为未来的土地开发留下足够的空间。

(三)详细规划

1. 专项支撑系统规划

既包括道路交通、市政管线一体化、景观保护、文物古迹保护、环境

保护、防洪旅游等特殊内容,也包括水系、河流景观、步行路线的开放和规划。

2. 重点地段详朝规划

针对密水区主要节点或近期实施地段进行详细规划,一般包括总平面规划与定位、整向规划、绿化规划、管线综合、硬化铺装设计、环境小品设计等。

三、基于生态理念的城市滨水区规划实施策略

(一)发展建设时序

在规划滨水步行街时,应考虑开发时间或施工时间。要合理地提出发展步骤和相关策略,以促进滨水地区的良性循环和可持续发展,对于未来的滨水区发展有适合引导。

(二)开发投资估算

对于滨水区的规划,首先要对前期开放投入的资金进行估计和预算,这些内容包括了生态基础设施建设和土地开发的投资成本和收益水平,暂估建设开发的短期和长期投入产出。制定开发投资估算可以明确各个款项的具体用途和去处,根据规划建设阶段的规划,为评估人员的建设和运营投资建立临时基础,并从实施角度评估计划的合理性。

(三)评价反馈体系

海岸带开发是否有利于保护生态环境和促进经济发展,必须进行科学评估,才能发挥有效的反馈作用。评价结果将有助于及时适应河岸规划,实现环境、社会和经济的可持续发展。

第三节　城市滨水景观规划设计

一、景观生态理念

一般认为,滨水区规划中以景观生态学理论为指导的景观生态理念的含义包括以下两部分。

(一)生态系统的多样观

由于滨水区开发的各种活动对水生生态系统的生物多样性有很大影响,我们应该从景观生态学的角度考虑水生生态系统的生物多样性。区域规划中不同的生态要素应该占据一定数量的优质土地,形成合理的网络结构,与不同的生态系统共存,这将有助于确保滨水地区的生物多样性和遗传多样性、有利于提高滨水景观的审美效果,保证滨水景观的正常生态功能。

(二)景观格局的安全观

景观安全格局是以景观生态学的理论和方法为基础,确定和建设生态基础设施的手段。海岸线景观生态规划的概念是通过分析和模拟海岸线景观过程与生态系统健康和安全之间的关系来评估海岸线景观的发展和扩展。空间运动类型、水流、风、扩散、灾害过程等是需要参考的生态因素。为了有效控制这些景观及其覆盖范围,必须建立一个由重要景观要素、空间位置和界面组成的安全模型。

二、经济生态理念

生态经济学(Ecological Economics)是从经济学的角度研究生态经

济系统的结构和运行的科学。如何平衡环境与经济的关系是生态经济学的一个重要课题。

为了实现生态效益和经济效益，必须创造新的资源、价值和效益，同时兼顾自然发展和增长。

以生态经济为指导的城市规划，就是在尽可能小的空间内，实现尽可能多的生态功能。以最小的环境成本获得最大的经济效益，以最小的物质运输量获得最大的环境运输量，从而实现资源的最佳利用效率。

滨水区规划中经济生态理念的含义如下：

（1）全面开发建设的理念。滨水区的生态建设应注意总体和谐。滨河规划的目的应该是加强与整个城市的联系，防止滨水被分割成一个独立的单元。合理安排各类用地应是城市规划的总体战略构想。从历史发展和城市功能发展的角度来看，城市总体规划的功能定位与景观形态的发展应协调同步。设计必须立足自然形态，整合空间，促进生态稳定，追求最佳效益。

（2）资源使用的有效性。包括在沿海地区组织旅游、文化、娱乐、购物、住宿和工业生产等社会活动，以及能源在水上经济和生态系统中的相互作用。根据量化、再利用和再循环的原则，应充分保护和有效利用沿海地区的各种资源，包括合理利用水等不可再生资源。合理利用土地、动植物和微生物等可再生资源，充分利用光、水、风等可再生资源。

三、人文生态理念

社会生态学（Social Ecology）是一门跨学科的科学，关注人类和社会生态系统。它是一门综合生物学和社会学方法来研究人类与自然环境和社会环境之间相互作用的科学。社会生态学将人类社会系统、社会生态系统和自然生态系统有机地结合在一起，对它们的整合与重叠进行了全面的研究。文化生态学（Cul-tural Ecology）是研究文化创造过程中人与自然环境和人为环境关系的科学。文化生态学在社会科学研究中的重要作用在于其方法论意义。它运用系统论的相关原理来理解问题，并将人类文化带入自然和社会环境。强调文化和环境相互作用的具体研究反映了研究方法的优势。在城市规划领域，社会环境和文化环境理论的引入在于运用社会文化环境的观点和方法,研究城市人文环境的历史过程、组合和形成,以协调二者之间的关系。自然和社会环境使公共利益最大化。

滨水区规划的人文生态理念有以下两层含义:

(1)传统背景的延续。滨水廊道的功能开发和空间设计不应局限于物质环境的开发和视觉功能的开发,而应始终贯穿于历史文化价值的体现这条主线。文脉连续性原则是保持历史文脉连续性、恢复和提高河岸活力、体现地域特色和强烈的特色意识、形成城市风貌的基本保证。如果能够保存和发展,它们将成为城市独特的历史文化景观。提高滨水区价值的关键是维护历史的人文情怀。只有将非物质环境融入具体的海岸空间,才能创造出综合性的体验。只有将物质环境与物质空间有机结合,才可以体现出城市滨水区的独特个性。

(2)具有人文特色的创新视野。城市滨水区的规划和开发需要关注到城市的居民生态和人力资源的诸多问题。城市的空间规划体现出现代人的生活需求,要在保持历史脉络的同时,注入新的活力。

城市的独一无二特征主要源于城市的历史文化、自然景观、人文积累几个方面,同时也包含了当代新的建筑景观。城市的滨水廊道的建设,一方面展示出来了历史文化的传承,另一方面展示出了当代人们对于历史的关注和创造。

四、自然生态的规划策略

(一)水资源保护与修复

(1)结构保护与疏浚河道相结合。对于水资源的保护需要保持原本的滨水样式,不对滨水景观进行很大的改造,采取自然保护为主的思想理念。这样的保护既能够保护生态平衡,同时也能减少人工的介入,减少灾害性气候带来的负面影响,还可通过扩大河道局部地段形成较为宽阔的水面和湖泊,提高防洪和水体自净的能力。

(2)防止污染与水体自净相结合。第一,政府从上到下禁止污染物排入河流,禁止污染物排入河流;第二,根据水体不同的区域的需求进行专业方向的保护,控制水污染。河流自然有净化自己的能力,因此需要科学地控制水环境容量。随着河流的流动,水生植物还可用于吸收氮、磷等营养物质和净化水,通过沉淀和生物活性可以净化水质。

(二)自然岸线保护与恢复

自然滨水岸线景观类型的多样性是自然水文过程长期影响的结果。其结构和形态适应流域自然水文过程。其基本特征包括天然蜿蜒的岸线,丰富的变化,不同的河段宽度,河流冲蚀泥沙,缓坡和快坡,以及不同河段动植物的生存。滨水区规划应遵循滨水区的自然过程,积极保护和借鉴滨水区自然形成的各种地貌结构。在受人类活动影响的地区,应采取有效措施恢复河流环境,保护长廊道的自然形态。保护和恢复沿海地区的主要目标包括缓冲区、植被区、湿地、斜坡、弯曲峡谷、池塘、沼泽地和森林。

如果需要进行人工建设,应采取生态服务,创造一个自然的生态系统。可以继续模拟人工环境,使其不干扰生态循环。

生态驳岸一般可分为以下三种:

(1)自然型驳岸,应用于坡度缓和腹地大的河段,可以考虑保持自然状态,配合植物种植,达到稳定河岸的目的。

(2)仿自然型驳岸,适应于坡度较陡的坡岸或冲蚀较严重的地段,通过种植植被,采用天然石材、木材护底,以增强堤岸抗洪能力。

(3)人工自然型驳岸,适用于防洪要求较高,而且腹地较小的河段,在必须建造重力式挡土墙时,也要采取台阶式的分层处理。

(三)生物资源保护与恢复

保护城市河流生物多样性在维护城市生态系统可持续稳定发展方面发挥了关键作用。保护和恢复水生生物资源,包括生物多样性保护、食物链保护、动物迁徙通道和栖息地控制,以及森林、灌木、草地、湿地等。工厂结构设计必须结合适当的水体宽度,注意从上游到下游的变化,适应和改善大坝不同的内外环境。

如果海岸植物的宽度大于 30 米,一般认为就可以有效地发挥其生态作用;当宽度达到 160 米时,70%的污染物可以收集起来流入地表径流。

目前,防洪区河岸必须种植以低等植物为主的灌木、草本、藻类和乡土植物。应尽可能多地利用土地,充分保护现有的自然生态系统,并在未受管制的地区加以保护。

五、城市滨水景观典型范例

(一)芝加哥的滨水绿带处理

芝加哥的滨水绿带(图 5-7)处理偏重于自然形态。国际景观建筑学的创始人奥姆斯特德与美国规划师之父丹纽．伯曼,在 1872 年芝加哥大火之后,规划了平均宽度 1000 米左右的芝加哥滨湖绿带,并于 1900 年至 1910 年之间建造。绿带里除了芝加哥自然博物馆等几个公共建筑之外绝对禁止任何房地产开发。

图 5-7　芝加哥

芝加哥滨水绿带翻过一座小山岗就是密歇根湖,因此滨水带规划也需要造地形,特别是这么长的一段滨水带,全都沿湖走未免太单调,有的地方需要有山遮挡,有的地方则需要露出大片的湖面。

(二)悉尼歌剧院滨水岸立体处理

悉尼的滨水地带,硬质景观比较多。主要是因为海水都是咸的,树木难以成活。另外,在这一片硬质景观以外也还有堆山和树木。紧临歌剧院的海堤做得外面高、里面低,主要是为了防海潮;而悉尼则是用二重平台的立体结构也起到防海潮的作用(图 5-8)。

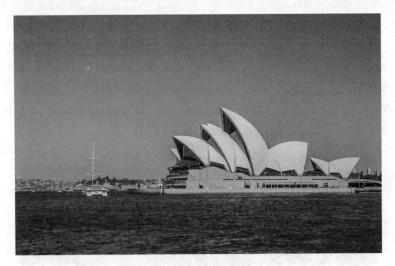

图 5-8　悉尼歌剧院

(三)西湖景观治理

早在 20 世纪的五六十年代,由于高度工业化的发展,西湖附近建立了许多的工业工厂,西湖的水资源收到了严重的污染。同时,为了兴建工业,周围的树木和自然景观也遭到砍伐和毁灭。这样的生态破坏严重影响到了西湖的景观美感。

1985 年,杭州市政府认识到西湖对杭州市发展的重要意义,开始了西湖景观(图 5-9)的拯救工程。市政府关闭、搬迁了西湖周边的工厂,搬迁了周边的居民,植树造林,修饰了原有的雷峰夕照、曲院风荷、三潭印月(图 5-10)等滨水景观,又新修或扩建了 40 余处景观。其中,著名的新建景观有新西湖十景(图 5-11)。

图 5-9　西湖全景

图 5-10　三潭印月

图 5-11   杭州西湖曲院风荷

（四）大连市的沿海景观

大连市位于中国辽宁省最南端，濒临黄海、渤海，依山临海，景色优美，是中国北方著名的风景旅游城市。大连的沿海景观的设计是在海岸废弃工厂的原址上，建设了滨海路的"海之韵"广场，为大连滨海路沿线带来了全新的风貌。大连政府还在滨海区修建了大连自然博物馆，在景观中添入了历史文化，改善了古城面貌。

六、国外滨水景观规划研究历程

滨水景观规划除了考虑滨水景观的功能性外，更重要的是关注其生态特性。

20 世纪 80 年代末，德国首先提出"近自然型河流滨水"概念和"自然型护岸"技术，即河流滨水规划与建设应以接近自然为标准，重视滨水景观中的人与河流滨水自然生态关系的处理。

图 5-12　大连星海湾大桥

1989 年,美国生态工程学专家米奇(Mitsch)和乔根(Jorgensn)正式探讨了生态工程概念的定义:为了人类社会和其自然环境两方面利益而对人类社会和自然环境的设计,奠定了将多自然型河道生态修复技术应用于滨水景观规划的理论基础。

日本自 1986 年开始学习欧洲的河道治理经验,逐渐改建已建成河流滨水混凝土护岸,并在各个领域实现了从哲学家梅原猛的"征服自然,因为改造自然而丰富"到"多自然型河道生态修复技术"滨水景观规划理念的转变。

2000 年,在美国环保署颁布的《水生生物资源生态恢复指导性原则》指出:一个完整的滨水景观生态系统应该是能适应外部的影响与变化,能自我调节和持续发展的。

2002 年 8 月,可持续发展世界首脑会议在南非通过了《可持续发展执行计划》,该计划是对可持续发展认识的进一步深化,明确了环境保护与社会进步、经济发展三者紧密联系、互相促进,是可持续发展的三大支柱,有力地推进了可持续发展的实施。

在这一系列研究成果的指导下,世界上越来越多的国家积极投入到了开展城市生态文明化进程的实践中来。目前,国外生态文明建设的重点主要是在节能环保领域。如美国的克利夫兰、德国的埃尔兰根、印度的班加罗尔等城市,它们按照生态环保理念进行规划和建设,取得了明显成效。

七、国内滨水景观规划研究进程

我国对城市滨水景观规划的研究从 20 世纪 90 年代才开始。由于区划调整、城市快速发展以及市民对城市居住环境需求的变化,河岸地带成为开发建设的热点地区,河岸绿地可作为城市特大灾害发生时的防灾减灾核心区域,城市滨水景观规划成为当今各个城市重点研究对象之一。

在城市滨水景观生态化建设方面,刘滨谊教授在《现代景观规划设计》一书中提出了"生态化河流滨水驳岸"的建议。

俞孔坚在《景观:文化、生态与感知》书中提到,在景观生态学上,水域生态系统是物种多样的生态敏感区域;河流滨水是一个连续性的景观元素,是天然的廊道,具有廊道的生态功能;同时,作为河流滨水廊道的主体一水又是自然环境最活跃的因素,是参与地表物质能量转换的重要角色;地球上的热量输送和气候调节都要靠它起作用。

许士国等在《现代河道规划设计与治理》书中提出:现代河道治理规划的新理念一人与大自然和谐相处理念、可持续发展理念和保护河流滨水特色理念,并强调在滨水景观规划设计与治理中应重视退化河岸带的恢复与重建。

李冬环、吴水田在《滨河区——城市公共休闲场所的规划研究》中,从城市河岸景观美学、心理及文化、河岸土地的集聚效应三方面论证了河岸土地开发应作为城市公共休闲活动的重要场所。

第六章 生态理念下的乡村旅游 景观设计与表现

乡村景观作为一种特定的文化符号,体现着乡村的文化景观艺术。"茅檐长扫净无苔,花木成畦手自栽。一水护田将绿绕,两山排闼送青来。"这是宋代诗词家王安石笔下的村居景象,也是人们对于传统乡村旅游景观记忆的模样。乡村景观是一个在自然生态环境、农耕文明形态和人文生态环境共同作用下的生态共同体,包括农田里的庄稼、果园里的林木和溪流边的杂草在内,都可以成为乡村旅游中的美好景观。对于乡村景观而言,自然是环境的主体,人为的干扰因素较低,景观的自然属性较强,所以在对乡村旅游景观进行设计时,我们提倡生态理念和田园文化视角的指导,重在对乡村旅游中的景观进行合理开发和规划,发挥其自然属性,而并不是要重新人为地制作或迁移景观。

第一节 乡村旅游中的景观设计

一、乡村与乡村景观

乡村景观首先是一种格局,这种格局是历史过程中不同文化时期人类对自然环境干扰的记录。景观最主要的表象是反映现阶段人类对自然环境的干扰,而历史的记录则成为乡村景观遗产,成为景观中最有历史价值的内容。

二、乡村景观要素

（一）乡村性与乡村性指数

所谓"乡村景观"的概念，是人类生活的自然景观与社会景观相互联系构成的一个独特的概念。乡村景观主要是指在有乡村的产业活动和居民生活的地方。乡村景观与城市景观、自然景观共同构成了区域景观格局。这三个类型的景观，同时也是自然景观在人类干扰作用下向乡村景观和城市景观变迁的三个阶段。人类景观干扰因素的不同组合、不同作用强度、不同作用方式、不同作用频度，表现出由小到大的连续性变量和离散性变量共同作用的特征。根据社会学对乡村性的认识，乡村性概念主要建立在城市和乡村关系的社会学理论体系之上，"乡村—城市连续统一体模型"（Rural-urban Continuum Model）。例如图 6-1 与图 6-2，都是乡村的景观。

图 6-1　金黄麦田

图 6-2　加榜梯田

(二)乡村景观要素

从当下乡村研究的内容来看,乡村景观有独特的景观特征、景观内涵和景观意象。乡村景观在区域景观结构中占据重要的位置。乡村景观在自然景观的基础上,以人为因素为主要因素,高度结合联系了人类文化与自然环境的一种复合形态的景观。同时,由于人们对乡村景观有着不同的看法,乡村景观的特点和景观功能也各不相同,因此对乡村景观要素的理解也就不同了。

(1)自然环境要素。乡村景观是自然环境的组成部分。自然环境是地形、气候、水文、土壤、生物等复杂自然因素的有机结合。它是区域景观和城市景观的基础,具有乡村特色是乡村景观的基本特征(表 6-1、表 6-2)。

表 6-1　乡村景观的自然环境要素

景观要素	景观要素分析
地形地貌	大地形单元:山地(高山、中山、低山和丘陵)、平原、沟谷、盆地和高原 景观分异因素:坡向和坡度
土壤	地带性土壤类型 土壤的垂直地带分异 微地貌土壤分异 人类对土壤微域的干扰 土壤侵蚀;土壤堆积
植被	地带性植被类型 植被在高度作用下的垂直地带性 植物群落(乔木—灌木—草本)原始植被—天然次生植被—人工林 人工农田植被 农田林网、聚落绿地、道旁林地 城镇绿地系统
水体	天然水体:河流、湖泊、瀑布、湿地、滩涂、沼泽、冰川、积雪等 人工水体:农田灌溉渠网、运河、泄洪渠、水库、人工湖泊、基塘、坎儿井、水井、水窖等
动物	动物群落特征
气候	太阳辐射与地面温度的地带性分异 太阳辐射的四季分异 水分因素的地带性分异 高度对水、热的再分异 海陆关系 水陆关系与局部气候

(2)硬质景观要素。硬质景观结构的性质和强度,在很大程度上反映了人类在区域发展过程中进入和干扰景观环境的强度和方式。

表 6-2　乡村景观的硬质景观要素

景观要素	景观要素分析
聚落	卫星城、小城镇、中心镇、中心村、自然村
建筑物	民居、民宅 现代建筑：城市现代建筑类型的乡村建筑、现代乡村特色建筑 乡村古建筑和古建筑遗址 乡村宗教建筑、民俗建筑、纪念性建筑、标志性建筑
交通道路	公路交通：高速公路、国道、省道、县干道、乡间道路、村间道路和山间小道 河流水运交通、干渠交通、人工运河交通、湖泊和水库交通 乡村民间机场 道路硬化条件：水泥路面、沥青路面、砂石路面和土路 交通工具：自行车、人力车、手推车、机动车
农田基本建设	农田土地形态：土地平整、梯田、基塘农业 设施农业：地膜覆盖、农田拱棚、大棚、农业工厂 农田灌溉：大水漫灌、喷灌、滴灌、渗灌、微灌 农业机械化：机耕、机播、机收、机植
水利设施	农田灌渠网、农田提水设施、灌区水库、灌区湖泊、堤岸、泄洪设施、防洪排涝设施、机井 生产厂房、场区、生料场、烟囱、水塔、污水处理、污水排放、取土场地、采矿、烟尘
乡村工业	集中分布，以村为单元
养殖	牲畜、圈舍、饲料、排泄物 人居环境：人畜共处、人畜分离，集中饲养 饲养方式：集中规模化饲养，分散家养
农业生产	旱作农业和水田农业，是种植业还是畜牧业 原始耕作、传统农业和现代农业 单一农业、多种经营 粮食生产为主还是经济作物生产为主

景观要素	景观要素分析
农作物	五谷、油料、蔬菜、瓜果等
乡村娱乐接待	接待设施：乡村旅社、乡村餐饮设施 观光设施：乡村景点
乡村居民	居民服饰 居民饮食习俗和特色饮食 地方民俗

（3）软质景观要素。软质的乡村景观是指乡村生活、乡村道德、乡村生产观、乡村行为方式、风俗传统等人文因素。这些因素是人类长期的社会生活发展在农村土地的景观与自然环境长期互动过程中形成的(表6-3)。

表6-3　乡村景观的软质景观要素

乡村环境观	人对自然环境有绝对的依赖性，具有"靠山吃山，靠水吃水"的环境观
乡村生活观	传统的乡村生活具有"日出而作，日落而息"的自然特征
乡村道德观	传统道德观念较强 乡村传统观念不是落后，也不是保守，但具有较强的秉承性
乡村审美观	以自然审美为基调，具有纯朴、自然，以及鲜明的特点
乡村生产观	在自然经济时代，乡村生产以满足自我需求为中心，是为生存而生产，主要生产不足的粮食和肉类，以及进行一定的纺织生产 在传统经济时代，乡村生产在满足自己需求的同时，扩大生产规模，通过交换获得自己不能生产的东西 在现代经济时期，乡村进入市场化生产，乡村生产由农业生产扩展到农业、工业、建筑业和服务业
风土民情	地方节庆活动、丰收庆典、婚丧嫁娶风俗、饮食习惯等
土地所有制	土地是农民的根本，关系到社会制度、土地的经营规模和经营形式
乡村财富观	具有"粮食观""土地观""房产观"和"货币观"的差异

三、乡村景观的设计特点

乡村作为区别于城市的行政划分概念,其景观也是与城市公园或其他人造设计有所区别的,具有各不相同的地形地势、非工业化的自然生机、不同时节的种植物风光和独有特色的住宅。这些都是乡村旅游景观设计可以凭借的优势。

(一)利用地形地势,突出景观地理优势

地形即地貌、大地的形态,它在乡村景观中起着重要的作用。因为地形主导着整体的景观印象。如平原地带的乡村,一望无际;丘陵地带的乡村,高低起伏;群山聚集的乡村,可以呈现的是层层梯田的壮观景象。各有各的景观特色。

(二)乡村的山水格局、沟渠护堤、水岸

河塘、山林、田野都与乡村自然生态维持着一个非常和谐的平衡关系。这种持续稳定的人与环境的自然生态关系,是先辈们几千年来在与各种自然灾害的斗争中建立的。

提高环保意识,维护乡村生态平衡,将传统农业经验和现代科技成果相结合是当今的农业发展方向。以不同生态模式,保护、协调、循环、再生、利用土地资源,调整优化农业生产结构,实行废弃物资源化再利用,降低农业成本,才能提高乡村的经济效益。例如,可利用大量的牲畜粪便和农作物秸秆等制造沼气建造沼气池,既得沼气又得有机肥。海南省儋州市琼山红旗镇采取"集中建沼,集中供气"的办法,镇上还成立了沼气物业管理站,全镇每年因此节省电费 12 万元。可见,沼气池的节能环保功效是显而易见的。生态农业不仅是人类健康的保证,同时符合现代人"生态化""回归自然,返璞归真"的心理需求。近几年来乡村的生态景观已成为乡村旅游中的热点项目,有机茶、无公害大米、绿色食品等深受人们的欢迎。

生态旅游的知识性、科学性、趣味性也是人们普遍感兴趣的内容。

例如,无土栽培的草莓、西红柿采摘活动的趣味参与项目,可即采即吃,体现了生态的安全性。在自然生态环境中旅游,人们既获得了许多生态环保知识,也了解了农业科学技术。

具有生态景观的乡村已成为游客休闲、观光、娱乐、学习、体验的最佳旅游地。以生态为导向的农业生态游,在发展农业生产的基础上拓展了生态旅游观光功能,它巧妙利用城乡各种差异引发旅游者消费欲望,使旅游者得到亲身感受(图6-3～图6-5)。

图6-3 村落

图6-4 乡村的管道

图 6-5　乡村树林

第二节　乡村景观的美感要素分析

进行乡村旅游景观设计,必须清楚乡村景观的构成与美感要素,这就牵扯出什么是美的问题。

什么是美? 这一直是人们争议不休却又很难下定义的问题。我们知道,无论从事什么专业和工作,无论有无文化,无论年龄大小,无论生活在城市还是乡村,对美的感知人人皆有。但这种感知的形成以及感受的类型和程度绝非一致,一定是因人而异、因地而异、因文化而异的。

人们一致认为,美感的获得可引发人们的联想,扩展人们的想象空间,触动人们的美好情感。如果再深一步做具体解释,"美"的定义就十分难确定了。在美学界对美的解释也各有其说,是一直争执不下而无法统一的古老问题。我们可以对美感做概括的解读:"美"是一种由客观事物引发的美好的心理感受,是愉悦的、舒心的、快乐的、兴奋的、美好的。

一、美的概述

(一)美的特征

1. 形象性

美的事物总是具体的、形象的,是人们感官可以直接感受到的。我们说这朵花很美,是说这朵花有其特定的色彩、姿态和芳香等,这些形式因素构成了鲜明生动的形象,直接作用于人们的感官产生的美感。抽象的概念是不会激起人们的美感的。在具体可感的形象之中,凝聚着人的本质力量和创造力,显示出美来。为此,我们说,形象是美的一个基本特征。

2. 感染性

由于美具有鲜明、生动的形象,它不直接诉诸人的理智,而直接诉诸人的感官,所以,它对人的情绪和情感有着强烈的激励性和感染性。无论是自然美还是社会美或艺术美,它都会激起人或愉悦或激动或震撼的情感。车尔尼雪夫斯基曾说:"美的事物在人心中所唤起的感觉,是类似我们当着亲爱的人而洋溢出我们心中的那种愉悦。"美的感染性,不仅表现在对人情绪、情感一时的激励和感染,还表现为对人思想品格的形成具有较为长久的影响。因为美不仅是一种感性形态,而且是人的本质力量的显现。

3. 客观性

美是客观存在的。美是由形式和内容两方面因素构成的。从形式上来看,美应当是一种感性形象,能够被人们的感官所感受,而不是单纯的抽象概念;从内容上看,这种形式上美的感性形象,应当体现社会发展的某些本质和理想。形式和内容二者应当达到和谐的统一,其中内容的因素起着决定作用。美的形式和内容是其自然属性和社会性的辩证统一,是客观存在的。

4. 创造性

美总是反映着社会生活中有价值的思想内容,反映着人的纯真心灵和高尚情操。随着社会的发展,人类对美的追求也会不断提高,所以美本身也在历史发展之中千变万化、日新月异。因而,美具有创造性。社会美的创造性十分明显,例如,历史上的工具、服饰等在当时人们认为是最美的,但是与现在的工具、服饰等一比较就逊色了。艺术美的创造性更为突出,因为一切成功的、美的艺术作品,都在内容和形式上较之前的有所突破、刻意求新,才能满足人们对美的要求。绘画、小说、电影、戏剧等,都要不断创新,才能给人们以美的享受。

5. 相对性

某一个时代、某一个阶段的一个审美对象,随着社会的发展和人类的发展,这个审美对象有可能会变得不再是审美对象,甚至在某些时候认为它是丑恶的。比如,春秋时期追求的"细腰",到了唐朝则变为了追求丰腴之美。这就是由于时代变了,社会条件变了,就引起了审美趣味、审美标准的变化。可见,审美趣味、审美标准是美的反映。由于不同的时代的美是不同的,在一定历史阶段上才会产生特定的美,美有着历史的具体性,故而美有相对性。

(三)美的构成

任何事物都是内容和形式的统一,美的事物同样如此。

美的形式是内容的外在表现,直接作用于人的感官。比如花朵的色彩、姿态、味道,是令人的生理感官首先感到快适的东西。美的内容是隐含在事物内部的,作用于人的精神或内心而非感官。

二、乡村景观的美学价值

美的感受与人的价值观、世界观有着密切的关系,求真、求善、求美是乡村景观设计的美感基础。具有地域性的乡村景观,反映的不仅是地貌地势、气候季节等自然条件的特性,更重要的是当地的风俗人情和地方性的异质文化。美的环境一般指能使人赏心悦目、心旷神怡和轻松快乐的环境,而环境美的感受除了取决于视觉美感以外,更重要的是环境的综合体验。

三、美的健康环境能创造生命价值

植物的光合作用可以消耗空气中的二氧化碳,释放氧气,净化和改善空气。农村地区是一个大面积种植植物的地方,拥有新鲜、健康的空气。人们每天在富氧的环境中自然会感到呼吸舒适。人工产品越少,自然植物生长越多,生态环境越好(图 6-6、图 6-7)。

图 6-6　油菜花田

图 6-7　乡村田地

第三节　植物造景中的可持续设计与种植

一、可持续发展系统

(一)可持续发展系统的要素和结构

可持续发展系统是一个复杂的系统。人口、资源、环境、经济和社会是可持续发展系统的五要素,也可以理解为可持续发展系统的五个子系统。其中,资源和环境可以合并为生态要素,人口要素则可融入经济、社会要素中去,所以这五个要素又可以划分为生态、经济和社会三个子系统。

1. 人口

可持续发展是以人为本的发展,人既是可持续发展的主体,也是可持续发展的归宿。人口在可持续发展中为智力支持系统。人口生活在特定的社会、特定的地域,具有一定数量和质量,并在自然环境和社会环境中与各种自然因素组成复杂的关系。适度的人口规模、优良的人口素质、合理的人口结构,有利于人口与资源、环境、经济和社会的协调发展,从而推动可持续发展。

2. 自然资源

自然资源指在一定经济技术条件下,自然界中对人类有用的一切物质和能量。自然资源是人类生产、生活的来源以及生存、发展的基础。资源要素是可持续发展系统的基础支持系统。随着科学水平的不断提高、生产技术的不断进步,原先尚未被人类利用的物质要素逐渐被人类开发利用而扩大。自然资源可分为可再生资源和不可再生资源。可再生资源即所谓通过天然或者人工作用能被人类反复利用的各种自然资源;不可再生资源即经过人类利用之后,在相当长的一段时间里不可能再生的自然资源。

3. 环境

生态环境是一切生命形式的载体。在可持续发展系统里,环境要素起着生命保障系统的作用。生态环境由岩石圈、水圈、生物圈和大气圈构成,并且具有一定程度上的可再生性、可修复性和递增性。生态系统在受到不超过其承载能力的干扰时,能够通过自我调节保持其结构和功能的稳定,同时具有在受到干扰之后恢复其原来的平衡状态的倾向,稳定性越强,回到平衡态的倾向越强。环境的承载力不是固定的,人类可以通过生态环境建设和资源结构调整来提高其承载力。

4. 经济

经济是人们满足需求、实现美好生活的手段。在可持续发展系统里,经济要素起着动力支持系统的作用。经济是与资源利用和物质生产密切关联的一个概念,是为了满足人类需求的。经济是政治、法律、宗教、哲学、艺术等上层建筑赖以依存的基础,能够将稀缺的资源配置到不同的具有相互竞争用途的需求上,同时促使人力、物力等资源的节约和有效利用。

5. 社会

在可持续发展系统里,社会要素起着组织支持系统的作用。在这个共同体内部,各成员之间联系紧密,具有比较复杂的组织结构、相对集中的价值取向、共同认同的文化特征、比较健全的职能分工。社会具有整合个体,形成合力的整合功能;保持交往,发展关系的交流功能;规范行为,调节秩序的导向功能;继承传统,开启未来的承启功能。

(二)可持续发展系统内部解析

系统要素之间的相互联系、相互影响的关系构成了系统的结构。可持续发展系统的基本关系包括了人类与自然之间的关系,也就是所谓的人地关系,以及人类之间的关系。人地关系就是可持续发展系统中的社会子系统和生态子系统之间的关系。人类之间的关系就是社会子系统内部的关系,可分为各代人之间的代际关系和同一代人内部的代内关系。代内关系一般反映为人类不同区域之间资源的分配情况。

人类活动对自然生态环境的作用是人类系统通过各种社会经济活动对自然资源的直接或者间接的利用以及对某些自然要素和自然规律的被动适应。这种利用程度伴随着人类科学技术水平在深度和广度上的不断提高而提升。一方面是人类社会对自然资源的直接利用,包括人类社会初期通过采集、狩猎等方式获取动植物资源满足人类生存需求,农业经济时代和工业经济时代人类对水资源的开发利用等。这种直接利用如果不超过自然系统的再生能力,不会对自然生态系统的平衡造成威胁。另一方面是人类社会通过一定的技术手段改变一些资源的性状和结构,对其进行改造利用,例如对矿产资源、土地资源的开发。这种利用方式相较于直接利用更为高级一些,对人类社会发展的推动力更为强劲,但也更容易造成自然生态环境的破坏,例如水土流失、土地荒漠化、水土污染以及环境疾病等。

人类对于不能直接利用和改造利用的自然要素和规律产生出自觉或不自觉的适应和顺从,如对不同气候条件形成不同的农业种植方式等。人类对自然生态环境的直接利用、改造以及被动适应构成了人类对自然生态环境的作用效应。

自然生态环境对人类的作用主要包括两个方面:自然系统的客观运行规律对人类的影响和自然系统的反馈作用对人类的影响。前者主要是指自然系统按照自身运行规律,无视人类对其的作用效应,作用于人类系统,例如火山爆发、地震、海啸等;后者主要是指人类活动对自然生态系统进行的干扰,而这种干扰又通过自然生态系统以反馈的形式施加给人类。自然系统的反馈往往具有滞后效应,也就是说,一般在人类施加干扰之后一段时间其作用才会显现出来,而且一般都具有消极破坏作用。自然系统对人类系统的作用方式有"突变"和"渐变"两种。渐变方式通常是自然环境系统在宏观方面对人类行为的反馈,例如过度放牧造成的草场退化、沙漠化;突变方式多指自然环境系统在中观、微观尺度下对人类造成的影响,这种影响一般持续时间短,但强度高,例如台风、地震等自然灾害。

在人类文明发展的萌芽阶段以及农耕文明的中前期,人类生产力低下,人类对自然生态环境的适应能力、利用强度、改造水平十分有限,自然力在人地关系矛盾中占据主导地位。在这一阶段,自然是人类敬畏和学习的对象,人与自然保持着一种低层次的和谐关系,人类的生产、生活、繁衍在自然生态系统可承载的范围之内,不会对其造成结构和功能上的损害。随着生产力的发展,农耕文明的后期以及工业文明时代,人类认识、利用、改造自然的能力飞速发展。为了满足人类持续增长的物质能量需求,人类大肆开发、改造自然生态系统,生产力成为人地关系矛盾中的主要方面。然而,人类对自然生态系统的高强度持续干扰也使人类社会承受了自然系统各方面的反馈影响。最近几十年来,人类深切地感受到了人类活动对自然系统的破坏将会威胁到人类种族的生存和延续,迫切需要正确认识人类在自然生态系统中的位置,改变人地关系中不合理的情况,使得自然力和生产力能够相互协调,在自然生态系统承载力范围内寻求人类可持续的发展之路。

二、景观植物种植方式

植物种植方式有成行成列、修剪整齐的规则式和以自然群落为主的自然式。在景观植物配置上虽然形式很多,但都是由以下几种基本组合形式演变而来的。

(一)孤植

孤植树主要是表现植物的个体美。孤植树的构图位置应该十分突出,体型特别巨大、树冠轮廓富于变化、树姿优美。例如榕树、珊瑚朴、黄果树、白皮松、银杏、红枫、雪松、香樟、广玉兰等。

(二)丛植

树丛通常由 2 株到 9、10 株乔木组成,如果加入灌木,总数最多可以到 15 株。树丛的组合主要考虑群体美,也要考虑到在统一构图中表现出单株的个体美,所以选择单株植物的条件与孤植树相似。

配置的基本形式如下:两株配合、三株配合、四株配合、五株树丛的组合(图 6-8)。

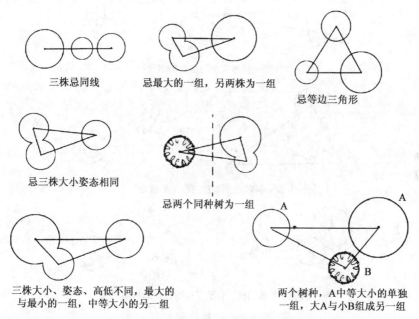

三株忌同线

忌最大的一组,另两株为一组

忌等边三角形

忌三株大小姿态相同

忌两个同种树为一组

三株大小、姿态、高低不同,最大的与最小的一组,中等大小的另一组

两个树种,A中等大小的单独一组,大A与小B组成另一组

图 6-8 三株植物配植的形式

(三)列植

列植也称带植,是成行、成带栽植景观植物的形式,多应用于街道、公路两侧或规则式广场的周围。如果做景观的背景或隔离措施,一般宜密植,形成树屏。

(四)乔木与灌木

乔木和灌木都是直立的木本植物,在景观综合功能中作用显著。乔木和灌木通常居于主导地位,在绿地中所占比重较大,是景观植物种植中最基本和最重要的组成部分,是景观绿化的骨架(图 6-9、图 6-10)。

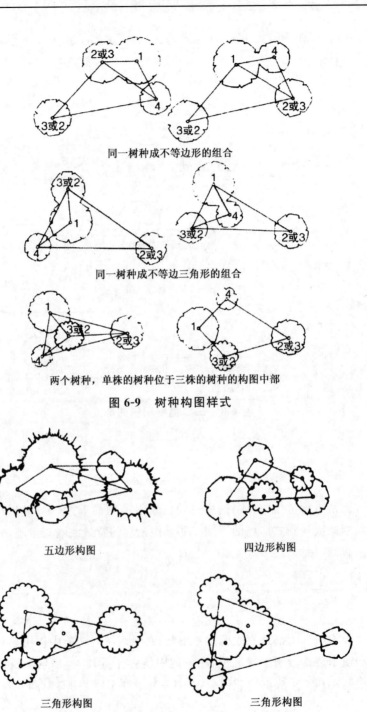

同一树种成不等边形的组合

同一树种成不等边三角形的组合

两个树种，单株的树种位于三株的树种的构图中部

图 6-9　树种构图样式

五边形构图　　　　　　　　　　四边形构图

三角形构图　　　　　　　　　　三角形构图

图 6-10　五株树丛两个树种多样统一的构图

　　无论是乔木、灌木还是花卉,都可以采用自然的和规整的造景
手法。

(五)花卉及垂直绿化

　　在景观规划设计中,常用各种花卉创造形形色色的花池、花坛、花
境、花台、花箱等。由草皮、花卉等组成的具有一定图案画面的地块称
为花池。外部平面轮廓具有一定几何形状,种以各种低矮的观赏植
物,配置成各种图案的花池称为花坛。花境是介于规则式和自然式构
图之间的一种长形花带。从平面布置来说,它是规则的;从内部植物
栽植来说,它是自然的。花台是在空心台座中填土并栽植观赏植物
(图 6-11~图 6-13)。

图 6-11　花卉

图 6-12　白色花卉

图 6-13　红色花卉

三、植物造景中的可持续设计

可持续发展(Sustainable Development),指的是注重长期效益的发展模式。联合国世界环境与发展委员会将其定义为"既满足当代人的需要,又不对后代人满足其需要的能力构成危害的发展"。可持续发展是在对传统工业文明进行了全面的反思,并对古代农业文明中长期被人忽略的各种先进思想进行了重新梳理之后提出的一种灵活的发展模式。可持续发展模式可以根据不同地区的自然、经济及人文条件进行创新和拓展。可持续发展主要包括社会可持续发展、经济可持续发展和生态可持续发展三个方面的内容。可持续规划与设计就是以可持续发展理论、生态学以及生态经济学原理为指导,通过结构调整和资源配置,坚持以人为本,合理统筹社会经济的发展与生态系统的健康稳定,建立良性循环的经济、社会和自然复合生态系统,实现生态效益、经济效益、社会效益的综合提高,最终实现社会、经济以及生态环境的全面可持续发展(图 6-14、图 6-15)。

图 6-14　云南罗平秋收航拍

图 6-15　新疆昌吉乡村风光

四、植物种植设计案例赏析

(一)英国谢菲尔德公园(Sheffield Park)水岸植物景观

英国谢菲尔德公园由英国著名园林设计大师布朗设计,其是一座典型的英格兰自然风景园林。其滨水的植物特点鲜明。设计师一方面在其中尽量追求自然优美的地形和缓坡入水,一方面将各种植物材料,尤其是形状较为规则、色彩异常鲜艳的松柏类和槭树类植物看作是作画的线条和颜料,尽情地在挥笔创作。

(二)达拉斯喷泉广场

该广场位于达拉斯联合银行大厦的外部,设计师丹·凯利(DanKiley)。广场为大面积的水池和喷泉,设计师在喷泉中种植了规则的树阵,选择的树种为北美南部的乡土植物落羽杉。

该作品成功的地方在于创作了一个与建筑空间融为一体的人性的广场环境,广场成为建筑在室外的延伸。设计师对植物的选择是非常正确的,原因如下:

(1)落羽杉为乡土植物。

(2)落羽杉是少数能够生长在水中的乔木植物之一,根系发达,符合人们的视觉习惯。

(3)落羽杉是落叶植物,秋季变成鲜艳的褐色,且丝状的叶片不会堵塞水中的排水和喷水设施。

五、场地条件与选择植物的原则

植物的种类及适应性千差万别,不同的场地条件包含了不同的生态特征。因此,我们在选择植物时,要因地制宜、因时制宜,使植物与周围环境相得益彰。

第一,要考虑当地的基本气候条件,其中首先考虑的是温度和降水情况。它们直接制约着植物的生长周期,是最重要的生态环境因素。

　　第二,勘查项目所在场地的土壤环境,其中主要包含土壤的透水性和酸碱度两个指标,它们对保证植物的正常生长至关重要。例如,杜鹃、茶花、柠檬、茉莉等喜酸性土壤的植物,适于 pH 酸碱度 5.5～6.5、含铁铝成分较多的土质,而黄杨、棕榈、桃叶珊瑚、枸杞等喜碱性土壤的树种,适于 pH 酸碱度 7.5～8.5、含钙质较多的土质。

　　第三,要根据所在位置的日照情况选择植物的类别。不同的植物对太阳光照的强度需求不同,合理安排可以避免违背生态规律,从而节约养护成本。

　　第四,要根据保护环境、净化空气的功能来选择植物。如前文所述,植物能否具有改善环境的功能,如降噪、降尘、杀菌、阻截有害气体和抗污染等,也是我们选择植物的重要依据。例如,在产生粉尘较多的工厂附近、应在道路两旁和人口稠密的居民区多种植一些侧柏、桧柏、龙柏、悬铃木等易于吸附粉尘的树木;在排放有害气体的工业区特别是化工区,应尽量多种植一些吸收或抵抗有害气体能力较强的树木,如广玉兰、臭椿等(图 6-16、图 6-17)。

图 6-16　种植植物

图 6-17　玉兰

第五,要考虑景观环境中绿地的使用性质。我们在种植设计过程中,要根据绿化服务的对象和所在的环境来选择适当的植物。例如,在居民区或儿童活动区,一些有毒或有害的植物(如夹竹桃、海芋等)便不适合种植;而在一些庄严肃穆的场所周边,松柏类常绿植物则是最佳选择(图 6-18)。

六、保护传统建筑,凸显景观地域风格

乡村的农居建筑是构成乡村景观的三大元素之一。乡村老建筑老村庄的最大特色就是朴实无华,与乡村的自然环境相和谐,每个地区乡村都有着自身独特的建筑形式。

我们不妨拿国内福建永定乡村的土建群居楼和日本岐阜县白川乡的合掌村茅草屋建筑相比较,两者都属乡村,都被列为世界遗产,虽然建筑形态完全不一样,但共同的特点显而易见——都是用当地的生态材料建成的,一个是用土造,另一个的原料是木材和茅草,被国内外专家学者誉为"神秘的东方古堡"和"世界独一无二神话般的山村民居建筑。"

图 6-18　夹竹桃

第四节　乡村旅游景观设计中生态理念的具体融入方法及设计内涵表达

一、乡村旅游与农村生态环境的关系探讨

我国的乡村旅游业与乡村生态环境发展本身相辅相成。一个良好的农村生态环境也是农村经济发展必不可少的前提条件。如果过度地

发展乡村旅游行业,就必定会影响乡村的生态环境;如果不发展乡村旅游行业,就无法充分地发挥出乡村生态资源的价值。因此二者的关系需要衡量。

(一)良好的生态环境是乡村旅游发展的前提

乡村的生态环境对于旅游业有很大的帮助。一般来说,乡村旅游行业的顾客主要来源于城市。城市居民选择乡村旅游可以体会到与城市截然不同的乡村景观。我国很多地区就是因为其悠久的历史、独特的乡村资源而使乡村旅游得到了很好的发展。

(二)乡村旅游能够提高乡村生态环境质量

我国乡村的自然生态环境作为乡村旅游中最重要的一环,不仅要呼吁观光游客保护农村生态环境,而且也需要让乡村居民出于经济考量来保护好乡村的生态环境。

旅游业的发展极大地带动了乡村地区的经济发展,但是,我们万万不可只关注经济而忽略了生态。所以,当地政府应当尽可能地制定各种措施来保护当地的环境,维护当地的生态资源,加强乡村的绿化建设和管理。这样才能使我国乡村居民的生态环境质量得到明显的提升。

(三)乡村旅游给农村生态环境带来不利影响

我国原有的农村生态环境以及农村居民的生活资源是一种自然资源。乡村旅游会造成生态污染。这是由于我国乡村旅游只注重眼前利益、追求短期利益而忽视追求乡村旅游可持续发展所带来的后果。这种状况将严重破坏我国农村的自然环境,使农村原有的自然环境超过原有的可持续发展能力,同时也会对我国的乡村旅游资源造成危害。

(四)乡村旅游促进乡村经济结构改革

农村经济发展模式长期以来受到地理位置和诸多因素的影响。大多数农村经济发展落后,产业结构过于简单,难以大规模发展,难以实现地方经济效益。因而促进农村再生,加快农村产业结构调整,促进农村产业转型是关键。

旅游业的发展带动了乡村的经济发展,许多大城市的人们从小就没有见过乡村,这些人来到乡村旅游观光会产生不同的美感。越来越多的人把旅游当做放松身心的方式,乡村旅游就是最适合的选择。

二、乡村旅游环境现状分析

(一)环境污染问题严重

在发展乡村旅游的过程中,一些地区缺乏科学研究,忽视了旅游项目规划的科学性和生态环境的保护,只追求短期经济效益的提高。由于对农村地区的环境效益和可持续发展缺乏重视,导致了乡村旅游发展中的各种环境污染。

(1)固体污染。固体污染源包括有机固体和无机固体废物。无机固体废物包括生产企业产生的废物,如包装材料、原材料等废物,包括废纸、废玻璃、塑料废物、金属废物等。这包括游客在消费过程中产生的无机废物,如食品的塑料包装。有机固体废物主要是农村居民的生活垃圾,如瓜皮、食物残渣等。

(2)水污染。酒店、餐厅和游轮的石油污染和固体废物会严重影响水质,白色垃圾、食物、饮料、固体包装垃圾等漂浮物也经常出现在水面上。这不仅影响了水景观的美丽,也降低了乡村游客的审美体验。

(3)空气污染。乡村旅游区的空气污染源包括燃料车、居民和企业的排放物。在营销程度较高的乡村旅游目的地,车辆往往更多,燃油车排放量也在增加。同时,居住在此的人们生火做饭,当地工厂不符合排放标准,都会导致空气污染。

(4)噪音干扰。当游客在没有维持秩序的情况下聚集时,会产生噪音,尤其是在各种旅游胜地和接待区。此外,汽车发动机产生的噪音,娱乐场所的设备声音也会产生噪音。

（二）土壤和植被破坏

在大型乡村旅游目标市场的情况下，一些游客缺乏绿地保护意识，经常去绿地行走。反复踩踏会使土壤变硬，破坏植被，过度使用化肥，导致腐殖质缺乏，农业休闲区土壤硬化和开裂频繁发生。

（三）文化资源流失

乡村旅游的文化资源包括历史文化、农业文化和民俗文化。乡村自然创意是吸引游客的重要因素。城市居民之所以成为乡村游客，是因为他们想从乡村文化中看到和探索这些不同于城市的文化。然而，在发展乡村旅游的过程中，也存在着人们追求快速成功和快速盈利的商业目标，以及传统乡村文化过度商业化的现象。

三、乡村旅游景观设计中生态理念的具体融入方法与设计表达

无论是国家整体发展战略层面，还是乡村旅游发展的客观规律要求，环境保护工作都要落实到细处实处。在使生态理念融入乡村旅游景观设计中，应重点关注以下几点。

（一）加强政府的调控作用

各级政府要充分重视环境保护对于生态文明建设的重要意义，在乡村旅游发展的进程中，设定环境保护红线，完善环境保护法律法规，推行环境保护主体责任制，落实环境保护清单，使得乡村管理人员、服务人员以及乡村游客在环境保护事项上有法可依。

强调在乡村旅游开发规划中，明确生态环境保护的战略思想和建设步骤，切实落实环境保护的措施。环境保护工作要层层抓落实，从不同的角度都有关注乡村保护。在政府层面，要建立完善的环境保护监督管理机制，约束投资开发主体推行资源节约型和环境友好型的经营管理方

式;在企业层面,要始终把生态环境保护工作置于所有管理工作和服务工作之上,以可持续发展理念和绿色经营理念,指导乡村旅游产业规划文本的制定和管理运营方案的实施。

(二)加大环境保护宣传力度

第一,加大环境保护相关的意识形态教育,让环保理念深入人心。对于学校教育中进行可持续发展理念教育,保护优秀旅游资源和良好旅游环境的代际传递,实现人与环境和谐共存。第二,加强生态文明建设法律法规知识的普及。乡村旅游企业要做到知法守法,在遵守环境保护法律底线的基础上,积极践行绿色环保的经营行为和消费行为。号召旅游者和经营者从点滴做起,从细节的消费行为和经营行为上体现对生态环境的珍爱与保护。第三,实施对乡村旅游参与者的全方位环保宣传。宣传教育对象包括当地居民、乡村游客和旅游经营者。教育当地村民珍爱家园,保护好赖以谋生的旅游资源,创建文明、舒适的生态旅游环境,树立乡村旅游目的地的良好形象。

(三)注重乡村旅游资源保护

乡村旅游资源开发应坚持绿色管理理念,实施绿色生态工程,按照LEED(绿色建筑节能与环境设计协会)标准进行优化规划,优化规划建设内容场地、建筑给水系统、能源利用、材料利用等。实践绿色旅游消费理念,倡导绿色消费模式,引导绿色旅游消费。

乡村旅游资源包括自然资源和人力资源,而自然资源是生态环境的组成部分。乡村旅游有多种自然资源,包括地质地貌、乡村景观、水、气候、气象、乡村生物景观等。加强乡村旅游资源的环境保护,实现乡村旅游资源的可持续利用。乡村旅游人力资源的保护不容忽视,包括民族村寨、特色建筑、聚落、乡村文化遗址、古建筑、乡村农业景观生产工具、宗教建筑、活动场所、农民非物质文化、民族风俗习惯、传统礼仪。农村人力资源的保护应当按照农村健康保护的原则进行继承和延续。

(四)强化生态环境评价系统

从政府管理和项目管理两个方面,提出了生态文明综合发展的理念,制定了生态保护目标规划,建立了基于乡村旅游实施监测和检查确保环境保护的生态环境评价指标体系,乡村旅游公司按照生态文明建设的标准经营。环境保护体系监测和环境保护检查应全面开展、无盲点。自律企业的监管工作应当注重环境保护,采取措施防止污染,及时解决问题。

(五)完善垃圾处理系统

乡村旅游目的地应充分配备污水处理厂和污水处理设施,严格控制有害气体排放,从水、土、气三个方面保护环境。乡村旅游产生了大量的固体废物,应当对其进行分类管理和妥善的临时贮存。特别是有机固体废物,要及时处理和运输,否则会产生恶臭和细菌。遵守国家法律法规,防治水污染,保护生活环境,防止水质恶化,危害人类生命健康。禁止向江河、湖泊、海洋倾倒石油废物。全面规划污水处理厂建设,自觉支付污水处理厂费用。为防止水污染,应采取适当措施,促进绿色农业,合理使用化肥和农药,在农村休闲农业旅游地。从事乡村旅游的畜禽养殖场必须配备畜禽粪便处理设备,广泛使用污水无害化处理设备和设施。养殖场所应选择适宜的养殖密度,合理养殖,合理用药,防止水污染。空气污染防治是保护公众健康、建设生态文明的必要措施。遵守国家有关空气污染防治的法律法规。鼓励在风景名胜区使用环保型能源汽车,逐步淘汰或禁止使用燃油汽车。噪声控制应集中在两个方面:一是对目的地车辆噪声的控制,提出采用新能源电车;二是游客聚集点存在大量的噪音,这些噪音可以通过广告(横幅和广播广告)或服务人员加以控制。

(六)加强合理的环境规划

1. 容量控制规划

合理配置乡村旅游功能区,根据环境敏感性和乡村文化保护,科学确定乡村旅游容量,对乡村旅游进行综合管理。

　　生态高度敏感区主要包括重庆市东北部(秦巴国家重点生物多样性生态功能区及开发区有限公司)和重庆市武陵区(属于武陵生物多样性与水土保持国家重点生态功能区,限制开发区)、三峡库区(重庆段)及其周边自然保护区;平原环境敏感区主要包括长江、嘉陵、乌江三江及次级流域,以及沿 5°斜坡的交通区(公路、铁路),均为高概率发生灾害区。在自然条件下,水土流失最严重的地区受到公共保护。在上述地区发展乡村旅游之前,应严格按照当地生态环境和乡村旅游基础设施的可持续性进行环境影响评价。科学界定农村自然环境容量,严格控制旅游开发强度,实施生态修复和保护项目。

　　2. 人居环境保护规划

　　人居环境包括大气环境、水环境、声环境、固体废物处理等。

　　在大气环境保护方面,要加强对旅游城镇和乡村大气环境的监测。严格执行对乡镇旅游环境有害的企业、矿山的关闭和搬迁措施。乡村旅游项目建设中的防尘措施根据山区地形,合理规划村镇旅游区,科学规划村镇再生利用场所,确保村镇水不异味。严格控制酒店厨房的放电灯和油漆,减少污染。加强农村卫生厕所改造,定期处理粪便异味源。加强村镇旅游车辆排放监测,防止低排放车辆进入景区,促进村镇旅游环境友好型交通工具的使用,促进绿色旅游推广徒步旅行和骑自行车的形式。

　　在水环境保护方面,建立政策提高对农村集中饮用水源的保护力度,制定出科学的农村旅游规划,保护饮用水源,禁止人工污染饮用水,确保保护区内饮用水无污染源。鼓励乡村旅游企业采用小型污水处理厂,促进旅游城市饮用水的循环利用。

　　在声环境保护方面,应适当规范旅游城镇建设区的施工时间,通过安装临时隔声墙等措施,缩短工期,减少建筑对景观环境的影响,严格控制旅游村街道交通噪声。村里马路两旁禁止吹口哨。通过设置声屏障,改善吸声,降低道路两侧的噪声,严格控制乡村旅游活动造成的噪声污染,减少游憩设施的使用面积。

　　在固体废物管理方面,鼓励乡村旅游企业采用废物处理设施,加强城乡旅游地方污染防治和畜禽废物收集。

3. 耕地保护规划

在基本农田保护上，乡村旅游开发建设过程中要对基本农田严格保护，禁止开发占用基本农田用地。

在一般农田保护上，根据乡村旅游开发需要，经充分论证和相关准后，可对一般农作为经济作物用地、林地、草地进行流转。

4. 乡村文化保护规划

在民族民俗文化保护上，需要民间和政府组织之间的结合，保证对于民族民俗在文化普查上的建立，对于演出的方式是通过振兴工作机制来实现。对于大型节事庆典进行主题方式的创办，对于民俗文化进行弘扬和传播。对于一些可能会失传的民间艺术，要对其进行文化传承人的积极寻找，同时对载体进行多方的吸纳，对于资金进行保护和投入。

关于文化遗产的保护，自然遗产应严格按照相关管理要求进行，不允许进行可能破坏自然遗产结构和特征并造成次生灾害的施工活动。保护文化遗产，必须充分地重视到文化遗产对于人类社会的重要性，从政府到个人，采取不同形式促进保护文化遗产。

在建设古城和古镇时，为了保存当地富有历史气息的建筑风格，我们应该特别注意古城规划的保护和老村落的开发，重点是"保护旧址，修复如旧，建设新如故"。

因此，为了有效保护我国乡村生态环境，在发展旅游业的基础上，需要给出科学的规划。政府应积极领导和政治支持农民，最终实现乡村旅游与生态环境的有机联系，使乡村旅游能够在保护生态环境的基础上促进农村经济的快速发展。

第七章 中外景观规划设计案例分析

景观规划设计,是人类户外环境区域设计,为现代人类城乡建设、经济发展、人民生活提供优美环境、生态环境、宜居环境、休闲环境、娱乐环境的场所规划。景观规划设计的任务是综合历史、文化、心理、生态、形式美学和科技工艺等学科,在一定的基础条件下,提供优化景观设计方案,形成景观设计。

第一节 国内景观规划设计案例分析

一、北方皇家园林景观规划设计

皇家园林是为封建帝王服务的,规划理念反映的是封建统治阶级的皇权意识,并通过人们审美活动联想到皇权至尊。

东晋时候的晋简文帝对着他的华林苑,感叹说:"会心处不必在远,翳然林木,便有濠、濮间想也,觉鸟兽禽鱼自来亲人。"隋唐时代,皇家园林趋于华丽精美。隋代的西苑和唐代的禁苑都是山水构架巧妙、建筑结构精美、动植物种类繁多的皇家园林。宋代的东京艮岳突破了"一池三山"的造园传统,将诗情画意引入园林,假山的用材和施工达到很高的水平。明清时代,皇家园林趋于成熟,达到造园的最高水平。

北方皇家园林风格特点:

(1)规模。皇家园林因为皇帝的游幸,人力、物力花费巨大,并拥有得天独厚的自然条件。明代北京的"西苑",清代扩建成"西海"(北海、中海、南海),与宫城毗连,构图上从南到北,呈轴线布局,贯穿于城市的中部地区。当时的城市面积不大,在面积上其成为城市内的大范围的风景区,加上北京西北郊的西山、玉泉山、万寿山等,地理环境优越。园林中有山有泉水,到明清时代逐步开发成大规模的皇家园林,这在世界各国的都城中都十分罕见。

(2)布局。园林布局一改宫廷"前朝后寝"的严整规范,灵活自由。与宫廷区相比,形成了"规整"与"自然"、"封闭"与"开敞"的强烈对比效果。规划的方法是将建筑、景点、小园、景区逐层相结合。形式是北方四合院的院落形式,具有特定的功能。它常常包括若干小园、景点或建筑在内。既有开阔的大空间,也有不同形式的幽闭的小空间。虽然苑林区是自然的布局,但建筑形式是集中的,呈现轴线式的布局,彰显一种皇权至上的尊严,表现一种肃穆的气氛。

(3)建筑。皇家园林与私家园林相比,建筑数量多且复杂,建筑的规模较大,体量和尺度较宽,风格端庄持重,色彩富贵艳丽。皇家园林中的建筑终究是皇室使用,讲究规格,体量大,有气魄和威严之感。同时,皇家园林的范围巨大,如果建筑太小,就显得更小,因此,促成了建筑的巨大与恢宏,而且更加强调建筑天际轮廓线的整体形象。加之北方严寒等的影响,建筑墙面厚实,因此建筑显得厚重,朴拙。

(4)水体。园林中的水景主要有湖泊、池留、溪润、井泉、渊潭、瀑布等。汉武帝因迷信神仙方术向往海上仙山而创建了"一池三山"模式,后来成为皇家园林的主要山水范式。一直沿袭到清代。中国传统园林中一般水源于西北,出于东南。皇家园林多采用集锦式的手法,既能观看大水面,又能观看小水面。通过很多萦绕回环的溪流,将大小的水面一个一个地串联起来,形成一个整体的园林景观的理水。圆明园中还使用了喷泉、水阶梯等西洋水法。

(5)山石。"山"是园林景观的骨架,园林景观中的"筑山理石"的技艺最先经历了"模仿—摹写—写意"这样的过程,形式上经历了土石—土石山—石山的形式过程。因此有叠山技艺的"一岩(学)代山,一勺代水"的写意手法。江南的私家园林面积很小,更是如此。而皇家园林因为面积广大,所以可以构筑石山,堆叠真实般的山体,并形成空间的分隔。筑山理石,早期重置,放置一块石头,后期重视叠石成峰,并逐渐成为造园的主要手段与形式。自白居易《双石》一诗"苍然两片石,厥状怪且丑",反映出中国园林的品石以"丑、怪"为美,以"瘦、透、漏、皱"为胜,石材以太湖石为佳的观念。北京的石头主要是当地的房山石,这种石头有孔不透也不漏,有形不够也不瘦,以凝重浑厚为胜。

(6)植物。"虽由人作,宛自天开"。中国传统造园的植物景观,以模拟大自然为基本特征,于是自然的种植方式,天然的树木形态。给人以自然天成的感觉。在植物的配置上中国园林擅长采用诗格、画理等配置方式,如避暑山庄的"万壑松风"。以北宋画家巨然的"万壑松风图"为蓝本,进行造园的布置,表现"长寿永固""高风亮节"的人文内涵。因此北方多见松柏等树木表现四季常青。

(7)色彩。北方皇家园林,由于是皇室的园林,规格上要求色彩的华丽富贵,尽管有部分是青瓦屋顶、苏式彩绘墨绿色立柱等。但大都是比较调和,色彩稳定的建筑装饰。颐和园中的园林有很多红色柱廊,金色琉璃瓦、苏式彩绘等,金碧辉煌。

二、南方私家园林景观规划设计

南方私家园林风格特点:

(1)规模。南方私家园林多位于城区近郊住宅旁,作为日常生活的延续和扩大。由于在城市的市井之间,受土地面积限制。多数在平地上挖池堆山,种植花木,创造园林景观。

(2)布局。私家园林总体上是官宦富贾文人的私家园林,一般仅供私人欣赏,由于院墙作为界限将园林景观和建筑封闭其中,表现为内向封闭的特点。

私家园林由于面积小,在院子的中间形成一个主体的空间,以山池为主,周理水的方法。讲究聚散相宜,即大水面宜分,小水面宜聚。江南私家园林因为面积小,常采用集中用水的形式,庭院以水池为中心,沿水池周围环列山石建筑,从而形成一种向心、内聚的格局,水池面能形成空间开朗、宽敞的视觉效果。为了使得以水池为中心的主要空间感觉开敞,故采用池岸低矮、石桥低平,临水建筑也多取低矮、小巧、空透的建筑形式,如游廊、亭榭、水阁等。(图7-1)高大的建筑一般远离池面布置。

图 7-1　俯拍拙政园

（3）山石。筑山理石是中国传统造园最重要的内容之一。筑山，早期以土成山，即土山形式为主，后来以叠石成峰为主要形式。理石，一般早期以置为主，表现为横向的列、布；晚期以叠为主，则表现为竖向的叠、掇，结果叠石即成峰。筑山理石，实际上是模拟大自然。所谓"一峰则太华千寻，一勺则江湖万里"。叠石成山在江南的私家园林中最为精彩，通过各种石料的组合，变化，塑造峰峦洞壑、峭壁危径的种种形象，表达出雄奇、峭拔、幽深、平远的种种意境。当然这些方法和原理沿袭的是中国的画理，如《林泉高致》《画语》等。

江南园林筑山理石的石材较多，主要是太湖石和黄石，筑山大的用石多于土，小的用石堆叠而成，形成模仿真山的脉络气势，做出峰峦丘壑，曲岸石矶，手法多样，技艺高超。筑山理石、叠石成峰最为代表的是苏州留园的冠云峰、杭州西湖的邹云峰，上海像园的玉玲珑，有"江南园林三大名山"之称。

（4）色彩。私家园林的色彩比较朴素淡雅，尤以江南私家园林更甚。江南的私家园林中，构筑建筑的基本色调不外乎三种：青瓦，栗柱、白粉墙，都是些调和的色彩，稳定，偏冷的色调，极其容易与周围自然界的山水、树木等相调和，并且给人以宁静、雅致的感觉，恰如水墨山水画。这也是中国造园的至高追求，体现了宋代以来文人雅士追求的"雅"的艺术格调(图 7-2)。①

图 7-2　园林

三、苏州拙政园

苏州拙政园占地 5.2 公顷,1961 年被列为首批全国重点文物保护单位。拙政园始建于明代正德四年(1509 年)。御史王献臣因官场失意还乡,以大弘寺址拓建为园。其园名出自西晋潘岳《闲居账》中"此亦拙者之为政也"一句,与陶渊明"守拙归田园"诗中的"拙"字同义,实际上是在官场中不善周旋之意。全园六成用地为水面,表现园主江潮隐逸之志。王献臣曾请吴门画派代表画家文徵明为其设计,形成以水为主,疏朗平淡,近乎自然的园林风格。全园以水量取胜,平淡简洁,朴素大方,文人气息浓厚,处处诗情画意。园林空间的设置安排非常巧妙,充分运用了借景和对录等造园艺术手法。如在园的东部与中部景区之间用一条复廊相隔,廊壁墙上开有 25 扇花窗,使园林景观隔面不断,相互借景,美在不言之中。拙政园至今保持着明代园林疏朗典雅的古朴风格,被惜为"私家园林之最"(图 7-3~图 7-7)。

① 李振煜杨圆圆．景观规划设计[M]．南京:江苏凤凰美术出版社,2018.

图 7-3 拙政园池畔

图 7-4 拙政园大门

图 7-5 拙政园景色

图 7-6 拙政园小路

图 7-7　拙政园

四、北京颐和园

颐和园是清代的皇家花园和行宫,前身为清漪园。清漪园 1860 年被焚毁,1866 年重建,改名颐和园。1900 年,颐和园又遭八国联军严重破坏,1902 年再次修复。颐和园重建几次虽然在某些局部上逊色于当年的清漪园,但总体上还是沿用了乾隆年间清漪园的规划与布局。以下介绍颐和园的规划布局特点。

"略师其意,就其自然之势,不舍己之所长。"乾隆的这句话明确表达了颐和园之模拟杭州西湖,并不是简单的抄袭,而是结合本身的环境、地貌特点和皇家宫苑的要求,发扬"己之所长",作出了卓越的创新,可以说有"本于西湖,高于西湖"的园林艺术效果(图 7-8~图 7-14)。

图 7-8　颐和园石船

图 7-9　颐和园昆明湖

图 7-10　颐和园绣漪桥

(一)与周围大环境的整体格局

颐和园建成后,与香山静宜园、玉泉山静明园、圆明园、畅春园及香山、玉泉山、万寿山形成"三山五园"的格局。颐和园的建成及昆明湖的开拓,把两边的四个园子连成一体,形成了从现清华园到香山长达 20 千米的皇家园林区。同时在西北郊构成了三条轴线。

(二)万寿山中央景区格局

万寿山为燕山山脉,传说曾有老人在此凿得石翁,故名"翁山"。它前临"翁山泊",又称"西湖",即今"昆明湖"。乾隆十五年(1750 年)为庆祝皇太后六十寿辰,改名为万寿山,并以此为轴线建造了颐和园。

(三)万寿山中央建筑群赏析

1. 万寿山

万寿山中央建筑群的中部是倚山而筑的石砌高台,平面呈方形。石台上原建一座九层佛塔"大报恩延寿塔",后拆除改建为一座木构阁楼一佛香阁。

佛香阁建筑在高 21 米的方形台基上,平面为八角形,高 36 余米,3 层楼、4 层重檐,阁内有 8 根巨大的铁梨木擎天柱直贯顶部,是园内体量最大的建筑物。它巍然雄踞山半,攒尖宝项超过山脊,显得气宇轩昂、凌驾一切,成为整个前山前湖景区的构图中心。

2. 排云殿

排云殿是慈禧举行庆寿典礼的地方,其名取自晋代诗人郭璞《游仙诗》中的"神仙排云出,但见金银台"诗句,寓意为"此为神仙降临之所"。排云殿坐北朝南,依山面水,殿的正门为"万象光昭",对面临湖的"云辉玉宇"牌楼,三柱顶托,雄伟壮丽。

3. 智慧海

智慧海位于佛香阁的后面,建于乾隆年间,由于其结构没有用梁柱承重,而是用砖石砌成,故又被称为"无梁殿"。

4. 写秋轩

写秋轩建成于乾隆二十年(1755 年)。正殿三楹,建于高台之上,两侧以爬山廊连接"观生意"与"寻云"两个配殿。此轩隐于山间,幽雅清静,是赏秋的极佳之处。

5. 乐寿堂

乐寿堂是一座大型的四合院,曾为慈禧太后的寝宫。这座四合院的大殿红柱灰项,垂脊卷棚呈歇山式,甚是堂皇。此外,乐寿堂黑底金字横匾为光绪手书,堂前有专门供慈禧乘船的码头,堂内西内间为慈禧寝宫,东内间为慈禧更衣室;正厅设有宝座、御案、掌扇、屏风等;堂阶两侧对称排列铜铸梅花鹿、仙鹤和大瓶,为取谐音"六合太平"之意。

6. 云辉玉宇牌楼

云辉玉宇牌楼是万寿山前山中轴线上的第一座建筑,为三间四柱七楼式。

图 7-11　颐和园冬日十七孔桥

图 7-12　颐和园

图 7-13　群山环抱的颐和园

图 7-14　黄昏十七孔桥

第二节　国外景观规划设计案例分析

一、古埃及园林

古代埃及园林的主要特点通过古埃及的私园、神苑和陵园三种形式来体现。

根据考古发掘可知,古埃及庭院均为方形。庭院中心是巨大的下沉式水池,总体格局是对称式的。庭院中种植的花草主要是莲、纸草,还有从国外引进的蔷薇、银莲花、矢车菊、罂粟、芦苇等。树木直接种在地上,花卉种植在花坛里,或者将灌木、花卉种植在木箱、花盆中,并且沿着房屋四周并排放置。其中,水池一般为矩形,居于庭院的中心,水池周围常常是台阶式驳岸,形成下沉式水池。池中种植着莲之类水生植物,并养着水鸟、鱼类。池旁的亭子,便于观赏,是重要的设施。

埃及除了私园之外,还有神苑,它们附属于神庙。古埃及的神苑设在神庙周围,根据考古发掘可以见到的是中王朝时期著名的哈特舍普苏特女王祭祀阿蒙神的德尔·埃尔·巴哈里神庙。该庙总体格局由三个台阶状的大露台组成,将山拦腰削平,用列柱廊造成的围墙来装饰,是一座颇为壮观的神庙。沿河而上,穿过两排长长的狮身人面像,即到达最底层露坛的塔门。埃及国王的这种繁祀促进了神庙附近林木的发展。

古埃及的陵园,一般规模较小,里面设水池、小花坛、行列树,形成凉爽、湿润、静谧的气氛,犹如死者生前的庭院。常见的树木是具有象征意义的,如枣椰子、埃及榕等适合沙漠生长的树木。

埃及人早期的造园活动,强调种植果树、蔬菜,以生产和经济为目的,关注小气候的功能。在沙漠恶劣的环境下,人们首先考虑的是追求如何创造相对舒适的小环境。阴凉湿润的环境能给人天堂般的感受,因此庇荫非常重要。水池能增加空气湿度,又能灌溉,既是造景的因素,也是娱乐享受的奢侈品。水源来自尼罗河,因此相地选址就沿尼罗河河谷和三角洲一带。园内地形比较平缓,少有高低上的变化。园内一般有水池,池中放养鱼和水禽,种植芦苇、纸莎草等,形成水生植物与水禽的栖息地,也增添了自然的情趣和生气。

古埃及园林总体上有统一的构图,采用严整对称的布局形式。园地显方形或矩形,显得十分紧凑。周围有高墙,能够隔热,也是屏障。园内有墙体和树木分隔空间,形成若干独立的各具特色的小园,互相渗透和联系,既能提供隐蔽性和亲切性,也能为家庭成员提供各自的空间。入口处理成门楼的形式,即塔门,十分突出。大门和住宅之间是笔直的甬道,形成明疑的中轴线。甬道两侧和围墙边有椰子和矩形的水池,水池呈下沉式,以台阶联系上下,各个小园中有格栅、棚架和水池等装点。

在古埃及水资源质乏、森林资源既乏的情况下,植树造林必须开渠引水,导致埃及园林一开始就具有浓厚的人工气息。布局是整形对称的形式,给人均衡稳定的感受。行列式树木、几何形水池,强调的是以人力改造自然的思想。这里,可以看到东西方园林的思维方式的截然不同,西方园林一开始就是以一种几何形式人工化出现的,成为世界园林景观体现的先导。

二、古巴比伦园林

古巴比伦园林以猎苑、神苑和空中花园三种不同的形式体现。

(一)地理特点

古巴比伦王国位于底格里斯河和幼发拉底河的两河流域之间的美索不达米亚平原上。广义的美索不达米亚地区是指现在的伊朗托罗斯山脉以西至非洲之间的狭长地带,包括伊拉克、叙利亚、土耳其、约旦、巴勒斯坦一带和伊朗西部,狭义的就是指两河流域的中下游地区,全部在伊拉克境内。这里是人类最古老的文明发源地之一。

(二)巴比伦园林

通过考古发掘和地质学家的分析,古巴比伦时期,关索不达米亚地区气候湿润,降雨丰沛,并非不毛之地。

猎苑在美索不达米亚的造园上，形成了以森林为主体，以自然风格取胜的造园，猎苑就属于此种造园的形式。两河流域，气候温和，有着茂密的天然森林，猎苑就是利用天然森林加工形成的娱乐场所。公元前1100年，亚述王朝国王在都城亚述的猎苑中饲养了野牛、山羊、鹿，甚至还有大象、骆驼等动物。公元前800年之后，不仅有关于国王猎苑的文字记载，而且宫殿中的壁画和浮雕上也描绘了狩猎、战争、宴会等活动场景。从这些作品中可以看出，用树木作为宫殿的背景，树木有香柏、意大利柏木、石榴、葡萄等，还放养着供帝王、贵族狩猎的动物。

神苑中出现的神祇有天神、地神、风暴之神、水神，还有丰收和战争女神等，这些神祇经常在装饰性题材的画面中出现。古巴比伦信仰多神，统治者对于艺术和祭司的控制比较宽容，对艺术的形式程式控制也不严格，因此各种艺术风格相互掺杂，多种渊源汇聚，形成绚丽多彩的画面。

从留存下来的圆雕、浮雕、陶器，乐器和贵重工艺品以及考古发掘的神庙和宫殿遗址来看，古巴比伦的帝王和自由民众更重视现世的享乐，因此建筑装饰华丽，崇尚奇耀和享乐。他们建造了高大神庙，供奉祭祀着诸神，保佑年年丰产。

古巴比伦人常常在寺庙的周围行列式地种植大量的树木，形成神苑，这与古埃及十分相似。通过考古发掘，发现亚述王朝的神庙前的空地上是沟聚引水和许多成排的种植穴，种植穴在岩石中居然有1.5米深。神庙前绿树森森，不仅有良好的祭祀环境，而且也增强了神庙的肃穆氛围。

空中花园巴比伦又称宫苑，也称悬园。空中花园建在一个基座边长为140米，高为22.5米高的台层上。从一层到三层，蔓生攀缘植物和各种树木花草覆在其上，中间树的高度有50米。这样的体量整体外观宛若森林覆盖的小山耸立在巴比伦平原上，远远望去，像高悬于天空之中一样。

空中花园中防渗、灌溉和排水等问题，通过以下方法得以解决：一是通过用芦苇、砖、铅皮和种植土层叠在台层上解决；二是通过在角隅安置的提水罐铲，将两河的水提升到顶层，然后连层浇灌，同时形成活泼的跌水景观。

经学者研究证明，所谓的"空中花园"，就是由金字塔形数层的平台堆叠而成的花园。每一层的边缘都有石砌拱形外廊。内有卧室、洞府、浴室等,台层上覆土用来种植花草树木,各台层之间有阶梯联系上下。由于拱券结构厚重,能够承载深厚的土层,因此平台上不仅种有各种柑橘类植物,还有种类多样、层次丰富的植物群落。

三、纽约中心公园

号称纽约"后花园"的中央公园(CentralPark),是一块完全人造的自然景观,也是纽约最大的都市公园,同时也是美国第一个完全以景观园林学为设计准则建造的公园。它由美国景观设计之父奥姆斯特德(Frederick Law Olmsted,1822—1903)与沃克斯(Calbert Vaux)共同设计完成(图 7-15)。

图 7-15 曼哈顿中心公园

(一)当地气候及地理位置

按地理气候分布,纽约属于温带大陆性气候,但夏季受墨西哥湾暖流影响,冬季受拉布拉多寒流影响,综合来说是亚热带季风气候。

中央公园位于曼哈顿的中央,面积为 340 万平方米,占 150 个街区,有总长 93 千米的步行道、9000 张长椅和 6000 棵树木。

（二）空间布局

公园四周用浓密的植物围合，遮住周围的高楼。中央公园的自然野趣在其边缘展现得淋漓尽致。中央公园设计方案的绝妙之处在于奥姆斯特德和沃克斯巧妙地解决了公园用地形状狭长的难题。公园中部靠北面是占地43公顷的杰奎琳·肯尼迪·欧纳西斯水库，这是公园内最大的独立景观。

四、巴黎凡尔赛宫花园

勒诺特设计的园林，具有统一的风格和共同的构图原则，把园地和建筑结合成一体但又各具特色，富有想象力。他一方面继承了法兰西园林民族形式的传统，另一方面批判地吸取了外来的园林艺术的优秀成就，并结合法国自然条件而创作了符合新内容要求的新形式，具有独特的风格。因此，通常把这一时期法兰西的园林形式称为"勒诺特式"。凡尔赛宫苑全面积是当时巴黎市区的1/4，周长45千米，有一条很明显的长达3千米的中轴线，横轴范围也很大。其主要思想是要表彰法国皇家至高无上的权威，体现着达到顶峰的绝对君权（图7-16～图7-18）。

图7-16 凡尔赛宫镜廊

图 7-17　凡尔赛宫内景

图 7-18　凡尔赛宫

参考文献

[1]唐廷强,陈孟琐. 景观规划设计[M]. 上海:上海交通大学出版社,2012.

[2]徐清. 景观设计学[M]. 2版. 上海:同济大学出版社,2014.

[3]刘惠清,许嘉巍. 景观生态学[M]. 长春:东北师范大学出版社,2008.

[4]周志翔. 景观生态学基础[M]. 北京:中国农业出版社,2007.

[5]魏兴琥;辛晓梅,李越琼. 景观规划设计[M]. 北京:中国轻工业出版社,2010.

[6]刘丰果,张建羽,海潮. 景观规划设计[M]. 北京:中国民族摄影艺术出版社,2012.

[7]郭添,薛达元,杜世宏. 景观生态空间格局 规划与评价[M]. 北京:中国环境科学出版社,2009.

[8]林春水,马俊. 景观艺术设计[M]. 杭州:中国美术学院出版社,2019.

[9]郭红. 森林景观格局与生态规划研究:以长白山地区白河林业局为例[M]. 北京:地质出版社,2009.

[10]严力蛟,章戈,王宏燕. 生态规划学[M]. 北京:中国环境出版社,2015.

[11]张倩倩. 生态景观设计[M]. 长春:吉林文史出版社,2016.

[12]徐海根. 自然保护区生态安全设计的理论与方法[M]. 北京:中国环境科学出版社,2000.

[13]余久华. 自然保护区有效管理的理论与实践[M]. 山西:西北农林科技大学出版社,2006.

[14]张翠晶. 生态理念和田园文化视角下的乡村旅游景观设计[M]. 长春:东北师范大学出版社,2017.

[15]王云才. 景观生态规划原理[M]. 北京:中国建筑工业出版社,2007.

[16]李振煜,杨圆圆. 景观规划设计[M]. 南京:江苏凤凰美术出版社,2018.

[17]周科. 基于生态文明理念的城市河流滨水景观规划设计[M]. 北京:中国水利水电出版社,2017.

[18]汪辉. 湿地公园生态适宜性分析与景观规划设计[M]. 南京:东南大学出版社,2018.

[19]付飞. 以生态为导向的河流景观规划研究[M]. 成都:西南交通大学出版社,2014.

[20]徐海根. 自然保护区生态安全设计的理论与方法[M]. 北京:中国环境科学出版社,2000.

[21]余久华. 自然保护区有效管理的理论与实践[M]. 杨凌:西北农林科技大学出版社,2006.

[22]刘滨谊. 现代景观规划设计[M]. 南京:东南大学出版社,1999.

[23]齐康. 城市环境规划设计方法[M]. 北京:中国建筑工业出版社,1989.

[24]罗伯·特兰西尔. 找寻失落的空间[M]. 谢庆达,译. 北京:创兴出版社,1990.

[25]李迪华,城市景观之路[M]. 北京:中国建筑工业出版社,2003.

[26]俞孔坚. 景观:文化、生态与感知（重印版）[M]. 北京:科学出版社,2005.

[27]邬建国. 景观生态学——格局、过程、尺度与等级[M]. 2 版. 北京:高等教育出版社,2007.

[28]国际景观生态学会中国分会. 景观生态学论坛[M]. 北京:化学工业出版社,2004.

[29]邢忠,边缘区与边缘效应[M]. 北京:科学出版社,2007.

[30]傅伯杰,陈利顶,马克明,等. 景观生态学原理及应用[M]. 北京:科学出版社,2001.